化妆还是画皮？

韩国"画皮姐"的超级变身术

U0390855

图书在版编目（CIP）数据

化妆还是画皮：韩国"画皮姐"的超级变身术 /（韩）朴
修慧著 ；欣爱译. －－ 南京 ：江苏美术出版社，2013.5
　　ISBN 978-7-5344-5729-6

　　Ⅰ．①化… Ⅱ．①朴… ②欣… Ⅲ．①化妆－基本知
识 Ⅳ．①TS974.1

中国版本图书馆CIP数据核字（2013）第055760号

성형 메이크업으로 무한 변신
Copyright © 2012 by Park Suhye
All rights reserved.
Simplified Chinese copyright © 2013 by Phoenix Publishing & Media Group QIANGAOYUAN Beijing
This Simplified Chinese edition was published by arrangement with Rubybox Publishers Co.
through Agency Liang
著作权合同登记号：图字10-2012-563

出 品 人　周海歌

策划编辑　李　欣
责任编辑　曹昌虹　龚　婷
版式制作　百川东汇
封面设计　霍　贞
责任监印　朱晓燕

出版发行　凤凰出版传媒股份有限公司
　　　　　江苏美术出版社（南京市中央路165号　邮编：210009）
　　　　　北京凤凰千高原文化传播有限公司
出版社网址　http://www.jsmscbs.com.cn
经　　销　全国新华书店
印　　刷　深圳市彩之欣印刷有限公司
开　　本　889×1194　1/32
印　　张　9
版　　次　2013年6月第1版　2013年6月第1次印刷
标准书号　ISBN 978-7-5344-5729-6
定　　价　39.80元

营销部电话　010-64215835 64216532
江苏美术出版社图书凡印装错误可向承印厂调换　电话：010-64216532

"Star king" 的化妆女神
"火星人X档案"的无限变身女朴修慧的
独门绝招大公开

化妆还是画皮

韩国"画皮姐"的
超级变身术

为平凡女孩而写的超级魔法书
带你见证奇迹

（韩）朴修慧 著
欣 爱 译

这都是同一个人！你信吗？我才是百变大咖！

江苏美术出版社

変身前

变身后

前言

完美大变身！——给想要变身的女孩儿

　　为了变美，我努力了好久，仿佛是走在一条看不见尽头的路上，不知不觉中，这本书出炉了。虽然写书是一件很难的事情，遗漏的地

6

方也很多，但是这本书的完成也是给我自己 23 岁的珍贵礼物。

这是一本与众不同的彩妆书，和正式教授化妆技巧的书相差很远，这里没有讲述化妆工具的相关知识和卸妆洗护方法，而是介绍贴双眼皮的方法、假发的用法、如何化中性风格的彩妆等。这里还有超级酷的化妆法，让人不禁会问："打扮成这样要去哪儿啊？"也有将口红涂在眼皮上、唇彩涂在脸蛋上的有趣怪招。如果想查询化妆原理，其他书上有很多，而我想展现比别人更出色的部分。

我不是化妆美容专家，没有化妆品模特儿般的美貌，更不是从小就爱打扮的班花，甚至和美丽也蘸不上边儿。小时候的我经常调皮捣蛋，如果把我母亲养育我的小故事写下来的话，大概可以出几百本书了。无论在哪里要让我表演个绝活，都难不倒我。说难听点，我有点疯疯癫癫的，说好听点，我是个善于搞笑的女孩。经常引人注意的我唯一安静的时候就是专心做事的时候，这样的我正就读于韩国中央大学视觉设计专业。

现在大家都叫我"整形化妆女"和"无限变身女"，开始这种化妆术的最大契机是因为我非常喜欢 cosplay，因为我很喜欢漫画，所以我开始想象如何把自己的眼睛化成脸的 1/3 大，于是我开始偷偷用妈妈的化妆品。再加上我也十分喜欢重金属音乐，就开始研究浓烈的烟熏妆，即使在路上也无视别人异样的眼光，昂首阔步。不知从何时起又迷上了日本浓妆，在眼睛上粘了无数个假睫毛，虽然看起来很有负担，但在外面的时候我依然我行我素。刚开始化妆时，我并不是从"怎么化妆呢？"开始摸索，而是完全把脸当成画纸，在上面涂上颜色，所以这也是与众不同的开始，也算是化妆术的基础吧。

　　经过一顿折腾之后，我渐渐开始注意细节的修饰，所以开始思考符合时间、地点的各种彩妆，也想化出能够让人有好感的彩妆，并且在这过程中我渐渐找到了化妆的重点，我觉得非常有趣。

　　同时我开始玩博客，刚开始时我博客的主题并不是化妆，而是上传我做的搞笑视频短片，结果吸引了很多人来浏览，一次偶然的机会，我参加了电台节目"style show fix"，突然一炮走红了，接下来又参加了"star king""火星人X档案""get it beauty"等节目，每次录影的时候，我都对自己说"你都参加过几次节目录影了啊？参加录影实话实说就可以了！"就是抱着这样的傲气和野心，成就了现在的我。下了节目之后，我也获得了节目监制以及其他老师的喜爱，同时博客的人气也大增，连好久不联络的朋友都联系上了我。

　　我写了这本书，希望读者们不要在脸上乱涂乱抹，在我不懂彩妆的时候我会到图书馆去借阅有关书籍，也听取了很多人的建议才有了今天的成果。

这本书根据不同情况，分为四个章节，如果想要拥有彩妆的力量就参考一下吧。为了特别时刻而化的妆、日常彩妆、约会彩妆，还有最后是我最擅长的变身彩妆。通过化妆，可以有一种魔幻般的感觉。虽然在每一种妆容中，所适用的化妆品都有提到，但是作为一名平凡的大学生，我依然推荐平价的化妆品。像眼线膏、眼影这类的化妆品希望大家善用自己平时所用的就可以了。还有我最想说明的是，书中所有的化妆模特都是我自己，真的是我，没错。没有使用 photoshop，而是化妆的魔力！如果你不满意自己的长相，不要怪父母，像我一样，用化妆来改变，任何人都可以来个完美大变身！

2012 年 4 月　朴修慧 /Sim

Chapter 4 无限变身的彩妆·159

整容化妆教程

古灵精怪！Sim' blog

无限变身女朴修慧的节目出演list

2011年7月　On Style "Style Show fix" "谁是自己化的妆？"

7月　TVN "火星人X档案" 无限变身女

9月　CHIVE "New Seereal" 化妆变身女

10月　MBC "TV独家报道 令人惊讶的世界" 化妆整形女

11月　SBS "Star king" 240期　整形化妆女

11月　KBS2 "早安，韩国" 整形彩妆

12月　手掌TV "金泰勋的This Man Life" 化妆整形女

2012年1月　TVN "E New" 化妆整形美妆

2月　A频道 "金胜珠的早间咖啡" 化妆整形

2月　Story On "金元熙的搭档" 整形美人VS 化妆美人

2月　MBC "直播今日晨报" 指甲的基础妆

3月　MBC "心情好的一天" 整容彩妆

3月　On Style "Get it Beauty" Self 第一回 双眼皮PK 单眼皮

4月　On Style "Get it Beauty" Self 第三回 3分钟超速彩妆

第五回 瓜子脸的秘诀

知道了这个你就可以开始了！化妆阶段表

基础　→　快速化妆　→　基础妆

化妆水
精华液
乳液
面霜

→ 防晒 → Ⓐ → 粉底 → 粉饼/蜜粉 → Ⓒ

→ BB霜 → Ⓑ

→ 隔离霜/底妆 → 隔离霜 → Ⓓ

混合擦拭的神功！

→ 粉底+护肤油 → Ⓔ

→ 粉底+水乳霜 → Ⓕ

→ 粉底+防晒 → Ⓖ

→ 粉底+遮瑕膏 → Ⓗ

A 隔离紫外线：再忙也要防晒，登山、运动或者短暂外出的时候都要记得防晒。

B 快速保湿滋润：BB霜可以和防晒霜、隔离霜、粉底等搭配使用，虽然可以马上起到保湿滋润的作用，但是也可能会让脸色看起来很暗淡，没有生气。

C 水嫩透明的肌肤：做到这里就像素颜一样，痣或者雀斑看起来很淡，如果皮肤很好的话做到这里就很漂亮了。

D 基础妆：这是最基本的步骤，所选用的粉底是水润型还是雾光型，所呈现出的皮肤效果是不同的。

E 圆润光滑的肌肤：粉底与护肤油混合使用，可以产生圆润的效果，适合干性肌肤在冬季使用。

F 水润肌肤：粉底与保湿乳霜混合使用，可以呈现有水润感的肌肤，为了不让肌肤水分流失，混合使用很有效果。

G 防晒肌肤：如果想得到阻挡紫外线的力量，就要使用防晒霜，对于皮肤这是一举两得的步骤。

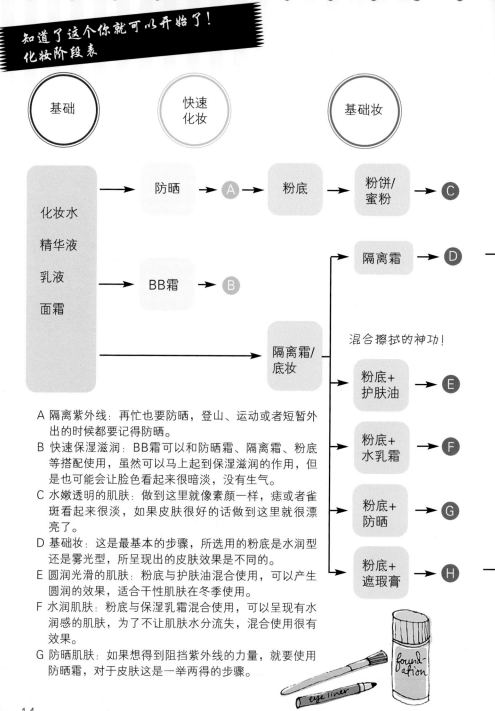

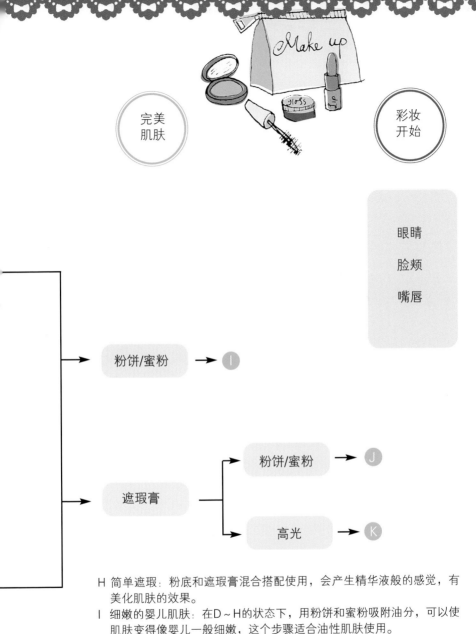

完美
肌肤

彩妆
开始

眼睛

脸颊

嘴唇

粉饼/蜜粉 → I

粉饼/蜜粉 → J

遮瑕膏

高光 → K

H 简单遮瑕：粉底和遮瑕膏混合搭配使用，会产生精华液般的感觉，有
  美化肌肤的效果。
I 细嫩的婴儿肌肤：在D～H的状态下，用粉饼和蜜粉吸附油分，可以使
  肌肤变得像婴儿一般细嫩，这个步骤适合油性肌肤使用。
J 完美持久的妆容：用遮瑕膏遮住瑕疵之后再用粉饼和蜜粉，这样化出
  的妆容更加持久。
K 夜店艺人肌肤：用遮瑕膏、高光粉和隔离霜打造完美脸型，虽然是个
  很花费时间的大工程，但却可以呈现出最美丽的肌肤。

Chapter 1

彩妆书，救命啊！

公司有重要会议需要做报告的时候，
参加同学会的时候，
不想遭受服装店店员白眼的时候，
和好姐妹们一起通宵玩耍的时候，
这些时候，就需要彩妆的力量了！
特别的日子里，彩妆让你发光，
不同场合，彩妆秘诀大公开！

Lollipop

写真女孩

这不是那种化了也看不出来的妆容，而是用化妆品来给脸做的彩绘。无论参加学校庆典，还是要上台表演，都可以参照我的化妆秘籍！用紫色和黄色搭配，是非常引人注目的混搭法（我可是走在时代尖端的女生！）即使别人在100米开外，也会注意到你，小心哦，很可能把你误认为是明星，把闪光灯吸引来哦！

> 户外活动多的时候，要注意预防紫外线，使用防晒霜时，比起质，量更重要！涂几层之后，再用上含有防晒成分的粉饼效果更好。

就要去参加派对了，先化完基础妆，然后将 A 涂在眼睛下面的部分。

用黑色眼线笔在上下睫毛的根部化出细细的眼线，眼尾的部分稍微向上弯起。

接下来用黑色眼影 B 在眼睛上方涂一层。

然后就是展现魅力的核心色紫色了！用 C 从眼尾往眼头画，像黄蝴蝶和紫牵牛花一样的感觉！

下面的步骤需要一点小技巧。将上假睫毛与下假睫毛贴好，自信即刻提升！

Make Up Item
A Too Cool For School 眼影彩色 1 号
B Make Up For Ever 钻石闪粉（黑）
C Urban Decay 眼线笔
D Dolly Wink 假睫毛 1 号
E Dolly Wink 假睫毛 5 号
F Skin Food 眼睛爱蛋糕系列眼影
G Melliesh 胭脂 4 号 鹅黄色
H Missha 花妍柔亮唇膏 302 号
I Lancome 果冻亮唇蜜

  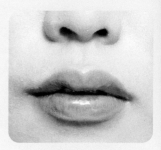

眉毛的部分，用笔刷蘸F修饰一下，在T字区也刷一点，可以让鼻子看起来更高挺。

腮红要和眼妆相搭配，所以选择了鹅黄色，刷子蘸G以画圈的方式轻轻刷一下就可以。

唇部使用闪着珊瑚色光泽的H，涂完之后再涂点唇蜜！

派对彩妆完成！

Bling-bling

来一杯龙舌兰让今天与众不同！体验
三里屯的奢华风情 style ！

三里屯俱乐部美女

这里有夜店老手，也有第一次来的清纯菜鸟，无论如何让自己尽情放松吧！墨黑色的烟熏妆太土气了，我要说的这个妆可不这么简单，是利用小技巧下将眼睫毛画上去，让人产生错觉。在光线和量子力学的影响下，会以 36.7° 角反射，直接反射到男生眼中，被你迷住，让你成为夜店女王！

> 为了在灯光下有更好的效果，就要在打亮的时候多下功夫了，可以使用珠光液，让脸蛋产生光彩，就两个字——漂亮！

涂一层深色眼影，再用刷子蘸 A，沿着双眼皮线涂上去，如果是单眼皮，就涂在外线上。

用黑色眼线液画一条粗粗的眼线，大约 3mm，在眼尾部分稍稍向下画一点。

再将 B 涂在下眼线部分，为了防止晕妆，上妆前涂一点眼霜比较好。

然后用眼线膏画下眼线，和眼尾部分连接起来，如果觉得难，可以用眼线液稍微修饰一下。

再然后就是画下眼睫毛了，这个很难用语言表达出来，大概 12.8° 的角度吧，就像图上一样。

接着用 C 将刚刚画好的眼线周围涂满。

将假睫毛 D 贴在画好的眼线上！贴上又长又浓密的眼睫毛，不管别人怎么看你。

用眉笔轻轻修饰眉尾，因为是灰色烟熏妆所以就用灰色眉笔吧。

再将 E 涂在眼下，为了防止晕掉，上妆前，可以涂一点眼霜。

用腮红刷蘸 F，在脸颊上轻刷。

用 G 化出美丽的嘴唇，唇色和腮红搭起来如何？

想要画出自然的感觉，如果打高光的部分很伤脑筋，这时你可以再擦一次珠光粉，以 T 字区和 C 字区为中心。

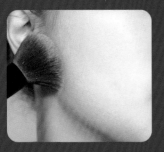

为了让两腮看起来不那么突出，这里用深色蜜粉刷上 10 次吧。

奢华三里屯夜店用彩妆完成！

Make Up Item

A Visee 银河炫彩眼影 GY6 中间色
B Make Up For Ever 明星粉底白色
C 爱丽小屋 水滴泪光眼线液 1 号 清纯之泪
D Darkness 假睫毛 6 号
E Skin Food 唇颊恋爱鲜果盒 6 号
F 植村秀 幻彩胭脂粉红色 33e（草莓牛奶）
G MAC sheen supreme 口红唇膏

Pink Smoky

今天去一次学院路的夜店吧！
超级疯狂的粉红烟熏妆！

学院路夜店女孩

你去过学院路的夜店吗？那种狂欢的音乐让人兴奋。青春、热情是它的代名词，今天我要化出年轻疯狂的粉红色烟熏妆，真的很漂亮！相信我，跟着我做吧，马上男生的眼睛就都跟着你了！

打亮的地方，可以使用珠光液混合蜜粉。

用手蘸A涂满上眼皮，推荐带有粗颗粒的珠光粉眼影。

然后涂上B，比A涂的范围小一些，用刷子或者手涂都可以。

如图涂上眼影，眼刷最好从眼尾向前刷。

然后用眼线液厚厚地涂一层，眼尾向上扬。

Make Up Item

A Dolly Wink 眼影膏2号 水晶
B Visee 银河炫彩眼影 GY6 第二种颜色
C Visee 银河炫彩眼影 GY6 第四种颜色
D Dolly Wink 眼影2号 第一种颜色
E Aritaum 假睫毛12号
F Dolly Wink 假睫毛13号 Baby girl
G Make Up For Ever 明星粉底白色
H Too Cool For School 彩色2号 love color

用 D 涂下眼皮 1/2 的部分，颜色如果不够明显，可以将刷子蘸湿一点再蘸眼影，这样可以让颜色更明显。

接下来开始画下眼线，从眼尾的部分向眼头延伸。

贴上假睫毛 E，没用睫毛夹夹所以看起来不太显眼吧？

那么接下来就要用睫毛夹了。

接下来再把假睫毛 F 贴在眼睛下方，怎么样，很漂亮吧？

睫毛的角度不要太低，胶水干掉之前好好调整一下吧。

在下眼头处涂 G，图上看得不是很清楚，但这个颜色反光效果超棒。

用眉笔轻轻画一下眉尾。

唇部涂 H，接近裸妆的颜色与粉红色眼妆很搭。

最后还要做一次打亮，用大刷子在颧骨上轻轻刷一下。

霸气而又带有运动范儿的彩妆就此完成！

Edge Bronze

今天是变妆的日子，我
不是好惹的哦！

先发制人的彩妆

昨天在商场买了条裙子，回来一穿进去，听到了撕裂的声音，瞬间崩溃了……哈哈哈哈，绝对不是我的屁股太大，是裙子质量问题哦（笑）。应该去换一下，但是昨天那个卖衣服的店员连几块钱都不肯给我优惠，估计也不会接受我的这个要求吧。你有过这种经历吗？想要砍价或者投诉的时候，总要表现出强大的气势，那么我来教你一个强势的妆容吧，告诉自己我很强！我很强！为什么我很强？因为我就是强！走起，青铜妆！

用爱丽小屋的夏威夷古铜色隔离粉底，可以让皮肤看起来稍微深沉一些。

用眼线膏画出厚厚的眼线，即使睁开眼睛也要有 2mm 的厚度！今天你是女强人，所以妆要化得强势一点！

从眼尾开始画下眼线，直到眼头，就像烟熏妆一样。

贴上假睫毛 A，由于眼线很粗，所以睫毛不用过于调整，没有很靠近睫毛根部也没关系。

厚重的眼线可能会把假睫毛根部遮住，所以要用睫毛夹将睫毛夹一下，让睫毛翘起来！

再用睫毛刷刷一下，让睫毛更长更浓密。

Make Up Item

A Nature Republic 假睫毛 10 号猫眼
B MAC 裸色唇膏 peachstock
C The Face Shop 全效保湿唇膏 PP401
D Melliesh cheek4 号鹅黄色

下眼睫毛也仔细刷上睫毛膏。

重点是将眉毛向上画，就像生气时的表情。

唇色选择接近裸色的粉红色，涂之前先把 B 涂在嘴唇上，两种唇膏搭配使用效果更好。

然后再涂上 C，展现出粉红色魅力。

接下来用 D 刷在颧骨与太阳穴之间的部分，显现出成熟感。

我是个可怕的女人，OK，现在我马上出发，让她全额退款！

化妆的起点——修眉

我认为化妆应该从修眉开始，因为眉毛一旦变得好看，会给人一种已经化了妆的感觉。我给大家介绍一种超级简单的方法，只要好好修一次的话，以后只要刮掉长出来的就可以了。认真跟我学吧！

用削好的眉笔画出你想要的眉形，画深了也没关系，修好后再擦掉就可以了。

接下来将你画的眉形之外的眉毛刮掉，最好选用较好的刮眉刀。

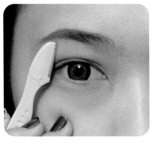

如图所示，用刮眉刀刮掉眉形外的眉毛，变换各种角度让刮眉刀用起来更顺手。

接下来就该眉刷上场了，将眉毛刷顺到一个方向，如果有漏刮的眉毛，可以再修整一下。

OK！全部完成！哈哈，如果你不小心刮掉了一半的眉毛也不要担心，多吃点饭吧，快快长出来！

Clear Up

早上好！现在我要开始作报告了！

自信满满的演讲彩妆

在纸上画一条线，它所含的深刻含义能够在 1 小时之内表述出来，就可以得到 A⁺，虽然难以理解，但这就叫做专业。现在我要介绍的这个彩妆就是只要看就知道这个人很专业，可以在 3 秒之内决定第一印象的妆容！

呈现出的肤色自然，可以给人干净利落的印象，要注意遮盖黑眼圈和皮肤上的瑕疵。

脸看起来很干净就结束了？但是还是要涂一次遮瑕膏才可以，用 A 擦拭眼睛周围。

用手指按摩，让遮瑕膏均匀地涂在脸上。

用黑色眼线笔画出 2mm 宽的眼线，因为要戴眼镜所以不需要打亮脸部。

Make Up Item
A Missha 遮瑕笔 23 号
B The Balm hot mama 腮红
C Holika Holika 搪瓷美光唇
　膏 魅力红色

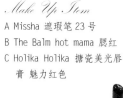

下眼线与上眼线要连接起来，这稍微有点难，就像图片上一样。

眼线干了以后用睫毛夹夹眼睫毛，不要太过用力，这样看起来自然一些。

现在轮到眼睫毛了！拿掉棉棒上的棉球，然后用卷发器给棉棒加热 10 秒，接下来就是用加热后的棉棒给睫毛上烙刑了！

用削好的眉笔将眉毛仔细地画好，像我一样，大概 14.9° 角，给人一种自信十足的感觉。

用眉刷理顺眉毛，但是注意别碰到眉线，让眉线清晰。

腮红刷蘸 B，在颧骨周围画圈圈。

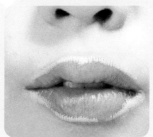

现在开始画嘴唇，首先用刚刚使用过的遮瑕膏，涂在唇线四周。

用手指将遮瑕膏涂匀变淡，这是塑造美丽唇形的第一步。

用唇刷蘸 C 画出新的唇线。

就是这种感觉，如果你的唇线不明显就要画重一些，如果唇线本来就很重那就画轻一些。

将 T 字区打亮，能够感受到图片中的感觉吧？

用腮红刷刷颧骨，下巴打暗影，鼻子则要打亮。

搭配眼镜的演讲彩妆，完成！

Envious

女人漂亮是罪的话，我宁也
愿受死刑！羡慕我的话，你
化妆一下！

同学会彩妆

要在同学聚会上见到很久没见的朋友，正在为如何化妆而烦恼的人，这是为你们而准备的化妆术哦！你很可能会被朋友排挤，因为如果大家一起拍照的话，就会有人说："什么嘛，只有朴修慧比较漂亮！"常常会让人心里感到不舒服。在同学会上或者其他聚会上，化上这样的彩妆，让朋友怀疑你是不是去做整形手术了，就让我们厚着脸皮、理所当然地来个大变身吧！"嗯？看起来好像变瘦了呢！"

让我们化一个完美肌肤彩妆吧！粉底液——粉饼——遮瑕膏——蜜粉，按照此顺序打造光滑肌肤！

用 A 涂满眼皮，主题是金棕色，仔细跟我学哦！

在眼尾涂 B，现在有感觉了吧？第二层眼影涂在眼尾。

在眼睛下面的 1/2 处涂上 B，已经很漂亮了对吧？

接下来在睫毛根部画眼线。如果想让眼神深邃一些，可以使用黑色眼线，想要柔和一点的话，可以选用棕色眼线。

我选用了棕色眼线，刚好画到眼尾，因为今天需要简约美。

Make Up Item

A 爱丽小屋 炫目单色眼影
B The Face Shop 可爱天使眼影 BR804
C Dolly Wink 假睫毛 10 号 甜蜜猫咪
D The Face Shop jewel 粉饼 YL701
E Missha 花妍柔亮唇膏 SCR302

用棕色眉笔画下眼线，如果觉得难画，可以先涂在手上然后用手涂抹上去，这也是个小窍门。

将假睫毛C的尾部剪掉一些，让长短刚好合适即可。

然后用睫毛夹夹一下，就会变得很漂亮了。

用纤长睫毛膏将假睫毛与真睫毛黏在一起，并且让长度变得更长。

将下眼睫毛来回刷100次，啊，看来我真没几根眼睫毛啊！

再用D轻轻刷眼头，消灭黑眼圈！

用相同的珠光粉在上眼皮中间刷上一点，这是重点。

选择与发色相近的眉笔，先画出外眉线。稍微显出有点女主播范儿了。

我的眉毛是黑色的，用灰色眉笔涂满眉毛中间，呈现渐变的效果。哇，神奇！

然后涂上让唇色看起来很
舒服的 E。

如果想像明星一样闪光，
T 字区与 C 字区一定要打亮，
不要忘记哦！

现在照照镜子吧！这样去
同学会，大家一起拍照的话，
你一定是最耀眼的了！

Winey Eyes

只属于女孩们的派对！

红酒女孩彩妆

你知道女生应该在什么时候表现出最美丽的一面吗？约会的时候？NO！NO！NO！是跟闺蜜们一起出去玩的时候！这时候我要做到最美！我要用平时不怎么用的眼影，这种日子就要与众不同！但是这种眼影通常如果模特使用的话就是女神，我使用的话往往会变成大婶！这就是粉红色、红紫色、紫色系列，毕竟不是任何人都能用好紫色眼影的，让我来完美呈现吧！Let's go！

要展现出完美的肤质，就算妆化得厚重一些也没关系。因为在晚上，这些浓妆根本看不出来。粉底——隔离霜——粉饼——遮瑕——珠光粉等，要费一番工夫了，开始吧！

用 A 把上眼皮涂满，如果用比较淡的眼影来打底的话，之后覆盖上的颜色会更明显。

然后大范围涂上 B，既然你已经选择了紫色系，那么就表明你已经下决心在众人之中脱颖而出了。

用 B 涂眼睛下面的 1/2 处，用粉紫色效果更好。

接下来用 C 从中间涂向尾部，这时注意轻轻压刷子展现出颜色层次。

然后把刷子移到眼睛下面，将下面 1/3 的部分涂上 C。

Make Up Item

A 爱丽小屋 甜蜜爱人单色眼影 2号亮驼色
B Lunasol 日月晶采 双魅眼影 5号 右上
C Lunasol 日月晶采 双魅眼影 5号 右下
D Darkness 假睫毛 VB
E Ameli 透明梗的下假睫毛
F 兰芝眼线笔 1 号棕色
G Dolly Wink 时尚经典染眉膏 2号卡其色
H MAC 西柚橘粉色唇膏

你去过夜店吧？那么，有流过汗吧？所以一定要选择防汗眼线液！像猫眼睛一样将眼尾拉高。

在眼尾上面再画出一条眼尾，眼线液的优点就是可以将眼神画得很犀利。

使用假睫毛 D，不要抗拒假睫毛，这可是无限变身的第一步。

将假睫毛 E 剪成三段，分别贴在眼下，间隔约 3mm，眼睛变闪亮了吧？

趁着胶水还没干，用手把假睫毛往上推，和皮肤约 78.9°的角度。

画眉之前，用手指蘸一点亮粉，将眉骨处打亮，这样脸型也会变得立体。

如果眼妆化得很浓，那么
眉毛就要淡一些，用 F 来涂眉
毛效果很好。

再用 G 将眉毛染色。

唇部我选用我大爱的粉红
色唇膏 H。

今天在闺蜜们当中最漂亮
的就是你了！看起来高贵又华
丽的粉紫色彩妆，完成！

Beaugüe 美享

参加婚礼也要美美地出场！

婚礼宾客彩妆

那天竟然接到了一封婚礼邀请函！天啊，还是在五星级酒店！那我可要好好准备一下了！别误会哦，我是为了给新人道贺才去的，可不是为了吃饭！婚宴上只有新娘是最美的吗？她只要得到新郎就可以了，把新郎的朋友都让给我吧！（笑）没有余兴节目吗？哈哈，清纯美女的喜宴彩妆！现在开始！

如果化得像新娘妆一样，轻轻一碰就会掉下一层粉，NO！NO！NO！想要变成水润肌肤的话，现在就开始吧！水分乳霜＋粉底液再加上蜜粉就能打造出这种效果！

用手将 A 涂在上眼皮上，已经开始感觉到有炽热的眼神在盯上你了吧？新娘，你在看我吗？

用刷子将 B 涂在眼下，如果眼影粉末四处乱飞的话，可以先在眼下擦一点乳霜，这样会增强附着力。

棕色和黑色的眼线液以 2:1 的比例混合，再画上去。

眼尾不要画得过长，稍微短一点，粗一点，如果想明显一点，可以再画一点黑色的眼线。

将假睫毛 C 贴在睫毛上面。

Make Up Item

A NYX 珍珠眼影闪粉

B Make Up For Ever 明星粉底
白色 947

C Darkness 眼睫毛 k.ma3

D 植村秀 幻彩胭脂粉红色 33e
（草莓牛奶）

E Missha 花妍柔亮唇膏 SCR302

再用睫毛夹将真睫毛和假睫毛贴合在一起。

假睫毛原本的效果看起来一点都不自然，"用刑"之后就自然而然的和真睫毛一起向上翘了，果然还是要严刑拷打啊！

要想更漂亮，就用睫毛膏再刷一层。

然后也刷刷下睫毛，虽然下睫毛很细疏，但是也要仔细刷。

接着用棕色眉笔画眉毛，把眉峰画得稍微圆润一些，不要太明显。

再用和粉色眼影很搭的 D 刷在颧骨下方。

唇部选用同色系的 E。

去参加婚宴是肯定要拍照的，那就把 C 字区打上高光吧！

然后刷一下鼻梁，让鼻子变得立体些，这样我才能成为焦点啊。

喜宴彩妆，完成！

Lucky Brown

如果你选我，我一定全力以赴！

面试彩妆

颤抖、颤抖、颤抖、颤抖……明天是我人生中第一次面试。简历资料已经通过了，马上就要面试了，手抖得像柳枝一样，连眼线都画不好！第一印象通常在 3 秒以内决定，但是我进去还不到 3 秒，气势就已经跑光了……怎么办？别再为了眼线烦恼了，与其为了化妆而烦恼不如把所有能量都转变为强大的说服力！只化一个简单的棕色彩妆，告诉他们："录取我吧！"

> 选择与肤色相近的粉底液，让妆容看起来自然一些，在细致的肌肤上表现出干净的妆感，给人以专业的印象。

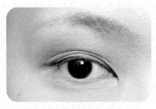

用 A 将上眼皮涂满，我推荐的这款眼影有着自然的珠光质感，价格又便宜！

顺着眼线擦上 B，一直擦到 2/3 的部分。要仔细地擦，因为我是细心的公司新人！

用 C 刷在眼头下方的部位，眼头明亮，人缘才会好哦！

用睫毛夹让睫毛向上翘，不管有没有眼睫毛，都要翘起来哦！

然后，要微笑！笑一个！笑的同时在眼尾的部分画出约为 3mm 的眼线，手抖也可以画好吧？

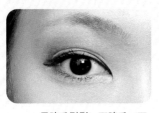

用睫毛刷刷一下睫毛，下睫毛也要刷，这样眼睛看起来会更闪亮！

眼线如果画得明显，可以给人好印象，用 D 可以画出干净又利落的眼线！

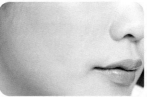

唇部选择颜色比较淡的E，脸颊也用自然粉色F。大功告成！

Make Up Item

A 爱丽小屋 甜蜜爱人单色眼影 可可棕
B 爱丽小屋 甜蜜爱人单色眼影 3号可可色
C 爱丽小屋 甜蜜爱人单色眼影膏 2号
D Holika Holika 眼线笔
E MAC 西柚橘粉色唇膏
F The Face Shop 可爱女孩唇膏 OR201

49

Spring Green

春天充满生机的彩妆，和煦
春日的光合作用！

自然清新系女孩

在会搞砸彩妆的颜色中，位列第一的就是草！绿！色！我想很多人都烦恼过这个颜色该怎么用吧？放在商场里觉得很漂亮，而且又被称为春天的彩妆，画着草绿色眼影的安德洛墨达知道吧？现在我就介绍一下这个适合春天去郊游的彩妆！绿色眼影加上黄色腮红，给人清新的感觉。天气好的话可以到处去走走看看，画着这样的妆在阳光下感受着春风……

户外彩妆的重点就是防晒，春天的太阳虽然舒服，但是空气中夹杂着沙土，容易让皮肤干燥，也要做好保湿工作。

用 A 涂满上眼皮，比起冷色调的珠光粉，暖色调的效果更好。

在手上蘸一点眼影，涂在眼睛下面的部分。

用扁刷在上眼尾刷上 B，重点是一定要睁着眼睛刷。

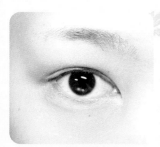

睁开眼睛的时候是可爱的淡绿色，用淡绿色化妆很难吗？不会吧！

接下来用棕色眼线笔画眼线，棕色和绿色搭配比较自然。

Make Up Item

A 爱丽小屋 甜蜜爱人单色眼影 2 号亮驼色

B Too Cool For School 派对时光眼单色打底膏 16 号

C Darkness 假睫毛 VX

D Too Cool For School 彩色 1 号

E Missha 水晶光耀唇膏

F Tarina Tarantino 蝴蝶唇膏

眼线画到眼尾处稍微向上延伸。

再贴上假睫毛C，因为比较小所以看起来很自然。

把真睫毛和假睫毛一起夹一下，小心不要碰到眼线哦！

夹完睫毛之后，就发现差异了吧？睫毛夹是非常重要的。

然后用睫毛膏刷下睫毛，我的睫毛很短，又不多，所以比较费工夫。

现在开始用最特别的颜色了，把D擦在脸颊上！别担心！

在脸颊上把腮红大范围推开。

看，比刚刚自然多了吧？因为已经把青蛙的颜色涂在眼睛上了！

唇部用类似唇彩的E，闻起来香香的，真想一口咬下去！

接着涂上有亮粉的唇蜜，水润有光泽的双唇，完成！

眉毛则是搭配棕色眼影，也要选用同色系的眉笔。

如果眉毛不够顺，可以用眉刷把眉毛理顺。

微笑时脸颊鼓起来的地方被叫做笑肌，这里记得要打上高光，这样才能在户外活动时成为全场焦点！

青蛙公主妆，完成！

Tropical Cocktail

夏天清凉的海边，我
是女王！

必胜彩妆

夏天来啦！为了能够穿上比基尼更漂亮，你有没有注意保养身材啊？只有男生喜欢比基尼女生吗？其实女生也对穿着三角裤的型男……哎呀，心跳加速了！这次我要教大家两种彩妆：第一种是像水果拼盘一样的各种眼影混搭彩妆，第二种是如果你觉得混搭太夸张，那就突出一种吧！

一定要准备防晒指数 50 的防晒霜哦！不管是隔离霜还是粉底液，一定要选择带有防晒功能的产品，这样能够做好几层的防晒。为了防止汗水渗透，要随时准备补妆哦！

从一开始就选用富有挑战性的颜色！将 A 涂满整个上眼皮。

接下来将 B 涂在眼尾 1/2 的部分，为了让 B 和 A 重叠出层次感，可以用手指稍微推一下，这个技巧可以多多练习。

用棉棒蘸 C，擦在下眼头。

再用棉棒蘸 D，擦在下眼尾，这样能够展现出整体的层次感。

因为是夏天，所以选择眼线液！从前到后都要自己画。

Make Up Item

A Too Cool For School 派对时光眼影
　单色打底膏 16 号
B MAC 立体大眼深邃眼影
C Dolly Wink 眼影 1 号褐色第一种颜色
D Dolly Wink 眼影 2 号灰粉色第一种颜色
E Dolly Wink 假睫毛 2 号
F Dolly Wink 假睫毛 5 号
G 兰芝眼线笔 1 号
H The Balm hot mama 腮红
I MAC 唇膏
J The Face Shop 全效保湿唇膏 PP401

贴上假睫毛 E，一定要选用长睫毛。

然后在下眼处贴上假睫毛 F，即使没有画眼线也会看起来很自然。

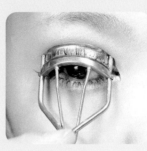

然后用睫毛夹让睫毛翘起来！好像有些薄不太好翘。

用淡颜色的 G 将眉毛画出一字眉，因为眼睛已经五彩缤纷了，所以眉毛颜色要淡。

然后用眉刷整理眉毛。

用大刷子蘸 H，在颧骨下来回刷几下，但是面积不要刷得太大。

唇部则选用 I。

然后再涂上最粉红的 J。

接下来的高光步骤，你都会了吧？以 T 字区和 C 字区为中心，慢慢刷开。

今天自然也要把鼻子打亮，用什么产品呢？其实只要便宜的就够了。

用四种眼影打造的热带水果彩妆，完成！

认为这个彩妆太难的话，我可以告诉大家一个重点：选择一个你想要的眼影，任何颜色都可以，下面我们就来化一个突出重点的美妆。

Make Up Item

A 爱丽小屋 甜蜜爱人单色眼影 2 号亮驼色　　　B Espoir 唇膏

将你想要重点突出的眼影涂满整个上眼皮，我选用的是 A。

用刷子蘸一点你喜欢的眼影，涂在眼下的 1/3 处。

如果不喜欢假睫毛就用睫毛夹从睫毛根部夹起，让你的睫毛变翘。

然后用有防水效果的眼线液，简单画出眼线。

接下来将上下睫毛刷上睫毛膏，要选择防水的哦。

眉毛则要与头发颜色相搭配，棕色就选择棕色，黑色就选择黑色。

唇部则有两个选择，可以选择B。

也可以选择颜色较淡的唇膏，表现出比较自然的感觉。

左右两边不同的双面女郎诞生！你喜欢哪个呢？

化妆整形高手的双眼皮打造方法

　　每次参加录影的时候，我都是用这个方法得到众人的赞美！现在我来介绍一下打造双眼皮的方法！刚开始我也不太会，但是有天我意识到"我没有双眼皮"，我就开始努力尝试，一天不行，我就一个月，一个月不行，我就一年，不知不觉中，我终于做出了漂亮的双眼皮了！

　　这是我素颜时的眼睛，上眼皮厚厚的，眼皮是内双，不管擦了多厚的眼影，睁开眼睛后就全部消失了，非常可惜！现在我来告诉大家我的大工程吧！

　　首先用双眼皮胶附赠的夹子，在眼皮上压出线条，刚开始不要着急，弄薄一点比较自然。

　　接着如图涂上双眼皮胶，涂得薄一点，面积大概就是双眼皮胶带的宽度，然后等10~15秒，让胶水呈现半透明状态就可以了。

eye talk 双眼皮胶

　　然后拿起夹子，开始把眼皮塞进去，双手一起做的话会比较容易，大概压个30秒，如果没有粘紧的话，上眼影的时候就会出现瑕疵。

　　只需要5分钟，双眼皮手术完成！这样做出的双眼皮不管是眼线还是眼影都很容易看出颜色。单眼皮女生们，行动起来吧！

Chapter 2

学校、职场、兼职……
每天都像陀螺一样忙得团团转，
我这样平凡的相貌，哪天才能出头啊？
哇，赶紧丢掉这种失败者的想法吧！
平凡的生活中，在特别的日子化上一些彩妆吧！
说不定会交到男朋友哦，上司也会看你顺眼呢，
像中彩票一样，这种感觉你体会过吗？
灿烂的日子，快来吧！

Sweet Latte

我是甜蜜的焦糖玛奇朵，
你是浓咖啡！

咖啡店打工女

你知道吗？有20%的情侣都是在打工的地方或是职场上遇到的，这些地方可不是只能赚钱哦！我朋友在便利店打工，某天有位顾客送给她一盒巧克力棒，还问了她的电话号码，慢慢两个人就陷入了热恋中。所以啊，即使兼职的时候也要管理好自己的形象！你觉得这样的生活很累？这样抱怨可不行，机遇只留给有准备的人！我每天晚上都会化不同的彩妆去我兼职的地方，现在我就介绍其中反响最好的彩妆——焦糖玛奇朵彩妆！

想要皮肤看起来水嫩有弹性，可以用粉底液与乳霜或护肤油混合，将蜜粉轻轻刷在脸上就可以维持这种水嫩感。

将橘色A涂满整个上眼皮。因为颜色很漂亮所以极力推荐。

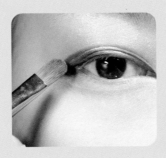

在眼尾1/3处涂上B。要保持颜色之间的间隔。

接下来，同样将B涂在下眼皮1/2处。

用C画出完整的下眼线。

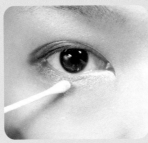

用棉棒蘸D涂在眼头，做出层次感，焦糖玛奇朵的感觉要出来了！

Make Up Item

A Missha 变化无限 亮彩眼影 CGL01

B Dolly Wink 眼影 1 号 褐色 第三种颜色

C Holika Holika 眼线笔 6 号

D Dolly Wink 眼影 1 号 褐色 第一种颜色

E Darkness 假睫毛 K.ma5

F MAC 西柚橘粉色唇膏

接着，用比较深的棕色眼线笔画眼线，眼尾部分自然拉长。眼线在眼尾处稍微向上延伸。

下眼线的部分，只有眼球正下方位置画上深棕色眼线，这会让眼睛看起来更大更有神。

下眼尾的部分不要和上眼尾线重叠，稍微有点分开，这样看起来会比较清爽，给人纯真的感觉。

看吧！很漂亮吧！

现在该贴假睫毛了，假睫毛 E 比较长，比之前的长了两倍。

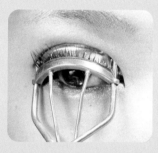

再用睫毛夹夹一下。

用胖胖的睫毛膏刷一下睫毛。

上下睫毛都要刷。

然后用眉笔将眉毛画得圆圆的，而眉尾要画得薄一些，锋利一些。

再用眉刷稍微整理一下。

接下来将颧骨以及眉骨、T字区这几个地方打上高光，啊，闪闪发光的漂亮脸蛋！

唇膏用哪个都可以，我选择的是F，看起来非常女性的粉红色。

焦糖玛奇朵彩妆，完成！今天状态不知道为什么非常好哦！温柔的男客人们，Come on！

Calm Khaki*

冷淡的都市女孩的卡其色
星期四！

等车的女孩

虽然说是冷淡的都市女孩，但是彩妆只用暗淡的黑色也太单调了，虽然外表有些冷淡，但内心却隐藏着痛苦，即使是电视剧中的清纯少女也一样。让我们来试试温暖而又冰冷的魔幻卡其色吧！卡其色不刺眼，也不强烈，所以平时上班时也可以，可以随你喜好，混搭配上棕色或是灰色，也能打造出新的感觉。今天的主题是等车的女孩，所以就用 *Metal City* 的"不锈钢"颜色试试吧！今天，你很漂亮！

这个妆容的皮肤暗淡一些比较好，卡其色很百搭，不用太担心噢！

将 A 涂满整个上眼皮。

然后涂上 B，看起来好像与刚涂的眼影混合的感觉。

接着用扁平的眼影刷蘸 C，从眼尾沿着双眼皮线画上去。

Make Up Item

A Visee 银河炫彩眼影 GY6 最后一款颜色
B MAC Hocus Pocus 眼影
C Visee 银河炫彩眼影 GY6 第四种颜色
D Missha The Style 完美闪亮单色眼影 SKH01
E Urban Decay 眼线液 SMOG
F MAC VivaGlam 珠光唇膏 GAGA2
G Mellisesh Cheek4 号棕橘色

蘸 D，从下眼尾的地方画到眼中央 1/2 处，卡其色和灰色很般配，简直是天造地设的一对儿！

用睫毛夹将睫毛夹一下，夹得好，睫毛膏才能刷得更漂亮。

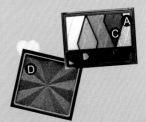

用 E 画眼线，眼尾的部分拉长。

然后画下眼线，从眼尾到眼中央 1/2 处，稍微画得有些角度，会显得与众不同。

用睫毛膏刷一下，刷得次数越多，睫毛就会越长。

下睫毛也要刷一下。

眉毛部分选择彩度较低的灰褐色眉笔，画出自然的一字眉，但画得太淡或太长就会像大婶，所以要小心哦！

唇部选用裸色调，用 F，这样看起来比较水润。

用腮红刷蘸 G，以画圈圈的方式刷在颧骨上。

接着顺势刷下来，帮脸颊打上暗影。以画斜线的方式刷下来，这样可以显得更成熟。

职场女性的 feel 出来了，卡其色与灰色的混搭彩妆，完成！

日本辣妹般的容颜，轮廓整形化妆法！

现在我们来学习一下通过化妆来塑造脸部轮廓的技巧！用化妆就能让脸形变小？稍稍化下妆，双下巴消失了？鼻子变高了？是的！虽然无法从77变到44，但是变到66还是可能的哦！这种迷惑人的轮廓整形，从现在开始跟着图片说明一步步做吧！

下面为了比较粉底液和遮瑕膏的效果，所以把脸分成两部分来说明。

轮廓整形前的脸！最近因为长肉了，所以下巴也肿了两倍，就算这样我依然无所顾忌地吃着比萨和炸鸡。为什么我二十三年来，即使我努力减肥却依然没有任何改变呢？为什么我没有一天肚子是不饿的呢？

用黑白相间的大粉刷将脸部打亮，轻轻刷过皮肤表面，打亮效果很好。

知道T字区和C字区吧？T字区就是额头与鼻梁T字形部分，C字区就是颧骨和眉毛之间的部分。

　　唇部上方最高的部分与下巴中央都要打亮，基本上一共就有这四个地方需要打亮。但是根据个人脸形也会有些改变。如果下巴比较尖就不要打亮了，如果颧骨很高，也不需要打亮C字区了。

　　接下来，是在下巴处打暗影，如果没有仔细比较，可能会觉得做2万次也不够，不过这样看起来像是只有下巴被晒黑的亚马逊民族啊。其实只要沿着下巴的线条刷下去就好了，如果还看不出效果就多刷几次吧。

　　在脸部外围也刷一次效果更好，如果是颧骨高的女生，可以在颧骨附近刷两三次，再沿着发际线刷上去，如果你脱发严重，就只在发际线之间打影就可以了。

　　接下来用刷子蘸深色修容蜜粉，刷在鼻梁两侧。如果不想成为黑天鹅的话，把刷子在手背上先刷两下，甩掉多余的粉末。在鼻梁两侧来回轻轻刷过，眉毛和鼻子、眼睛之间的三角地带，也只要自然刷过即可。

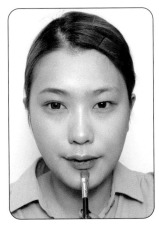

接下来是鼻梁尾部的整形化妆术。觉得每天这样太麻烦的话，这个步骤也可以省略。刷子蘸一点修容蜜粉，在鼻翼轻轻刷两三次，如果想看到更好的效果，可以在鼻孔处也稍微刷一下，那么整个鼻梁会看起来更好看。

这是为唇部薄的人设计的方法！在下嘴唇打暗影，看起来会比较厚，也比较立体！如果擦太多就会像长了胡子，所以不要画得太夸张，只要刷两三次即可。

轮廓整形化妆完成了，用手遮盖，比较一下两边的脸蛋，就可以感觉出不同了。如果画得太过的话，下巴的部分就好像是晒黑了。这种奇妙的差异有着另类的美感吧！

这边是我原本的脸。漂亮，不漂亮，我的脸还真是变化无常啊！哈哈，太有意思了。

这一边是眉毛＋双眼皮手术＋脸形手术＋眼睑手术＋鼻梁整形＋丰唇手术＋植头发手术的情况。这样算的话，需要多少钱呢？

Photogenic

摆脱俗气的证件照！一次
成功的证件照！

证件照彩妆

高中毕业后，至少会拍一次证件照！必须露出耳朵，无法用长发遮盖双下巴的护照照片，决定你是否会被录取的简历照片等等。虽然每年会照一次，但是却没有一张是喜欢的。就算去高档照相馆，也没有让人满意的作品……所以，为了拍一张完美的证件照，需要化一个清新利落的彩妆！

对于皮肤所呈现的状况，随着你去哪家照相馆而不同。如果可以帮你处理照片脸部的瑕疵的话，那么就不用在意脸上的小瑕疵了。但是如果不能的话就要好好做遮瑕了！

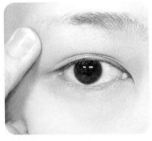

用隐约带珠光色的 A 涂满上眼皮，直到眉骨下方。

再用 B 顺着双眼皮线画，这是比较淡的基本色调。如果用刷子不方便的话也可以用手指。

再用黑色眼线液画上眼线，在照片中，结膜的部分看起来像眼白，所以眼睛看起来会比较大，可以好好利用这一点。

下眼线也一样，在结膜下方接着画上去，是不是产生了放大的感觉了？

哦，对了，不是要先用睫毛夹吗？忘记了吧？其实如果一起夹的话眼线可能会晕开，所以等眼线干了再夹睫毛吧！

Make Up Item

A 爱丽小屋 甜蜜爱人单色眼影 2 号亮驼色
B 爱丽小屋 甜蜜爱人单色眼影 可可棕
C Missha The Style 完美闪亮单色眼影 BR201
D Espoir 唇线笔 棕色
E Espoir lipstick creamy neon pop
F Dolly Wink 眼影 1 号 蜂蜜棕

73

用胖胖的睫毛膏刷一下睫毛，但是实际上照片上看不太出来，所以只要刷一下就可以了。

下睫毛也要刷一下。

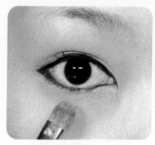

用 C 涂在眼下的中间位置，这里是重点！

眉毛可以画得明显一些，尾部画得清楚一些，眉峰也一样。

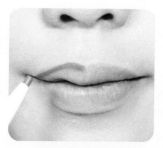

如果想要嘴唇显得明显一些，就要画唇线，用 D 按照嘴唇边缘画就可以了。

然后，抿一下嘴唇。

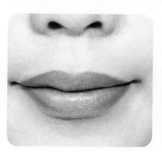

哈哈，神奇吧？这就是唇线晕开的效果。如果用唇刷效果也会不错的。

如果希望嘴唇不那么亮，可以在嘴唇中间涂一点霓虹色的唇膏。我选用的是 E。

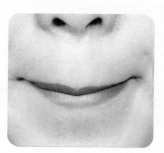

再抿一下。

哈哈，饱满漂亮的嘴唇完成了！

接下来该打造鼻梁了！用 F 刷一下鼻梁，深一点也可以，反正是证件照专用的。

然后鼻翼也一样处理，鼻头就如同放了珍珠一样。

现在来打高光吧！蘸亮粉的刷子沿着眉线刷，不仅很明显而且可以使眉毛看起来有立体感。

第二个创造自己脸蛋的人就是自己。如果化得好，脸蛋可是会闪光的！打暗影的部分要比平时画得多，从照片上看，好像瘦了 10kg。

如果想把前面的刘海梳上去的话，就将毛发空白的地方也打上暗影吧，这样就可以画出漂亮的额头了，简单的证件照妆容，完成！

Berry Baby Face

年下男，呼呼！外表看起来小 5 岁都没问题！

童颜彩妆

小时候为了看起来像大人，所以就偷偷化妆，长大后，却想要看起来像小女孩，也要用化妆来隐瞒自己的年龄。这真是苏格拉底也难以解决的人生问题啊！那个20岁的青春哪里去了呢？如果现在夜店门口的招待连你的身份证都不查了，那么赶紧跟着我做吧！到时候也许你就会被拦下来，这时候你可以出示身份证说："我是1980年的，叫姐姐吧！"他们一定会大吃一惊的！

重点是让皮肤看起来水润细嫩，如果是干性皮肤，就用水乳霜和护肤油、粉底液混合擦拭，把脸擦得水嫩嫩的，然后再用粉饼轻轻拍一下。

用A涂满整个上眼皮，眼睛明亮是童颜第一步！

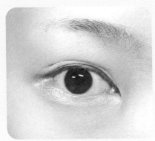

能够让你成焦点的做法是将B涂在眼下1/3处，别担心，相信我！

用睫毛膏涂下睫毛，由于我的睫毛短，又少，所以在这要花费很多时间。

将假睫毛C剪断后，贴在眼睛下方正中央的位置，不要小看这几根假睫毛哦！

然后，用睫毛膏将睫毛拉长，下睫毛变长，看起来就像个洋娃娃！

Make Up Item

A 爱丽小屋甜蜜爱人单色眼影 2 号亮驼色
B NYX 珍珠眼影闪粉
C Ameli 透明梗假睫毛下睫毛
D Ameli 透明梗假睫毛上睫毛
E 爱丽小屋 樱桃持久染色唇彩 1 号 樱桃红

在没画眼线的情况下把假睫毛D贴上，和真睫毛贴得近一些效果比较好，这样不会显得奇怪。

用睫毛夹夹一下。

接着刷上睫毛膏。

接着用淡棕色眉笔，将眉毛画粗，不要把眉毛画得太高，免得变成大婶！

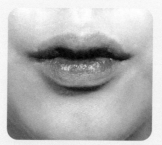

现在将E涂在嘴唇中央，稍微抿一下。

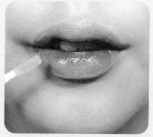

为了看起来更加水润，再涂上透明的唇蜜，什么牌子的都可以。

啊，嘴唇在说："我是清纯的高中生！"

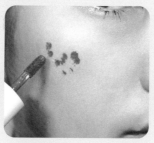

对了，在把E收起来之前先在脸颊上点几下。

用两个手指推开，让皮肤吸收，这比腮红的效果更好，花样童颜彩妆，完成！

SIM'S BLOG

大挑战！适合粉红色假发的化妆术！

到底怎么化妆才能让粉红色假发戴上后好看呢？

Pink

가발이 어울리려면 어떻게 화장 해볼까?

从假发学和化妆学上看，要找到适合粉红色假发的彩妆真的很难，而且这个颜色也不适合东方人的肤色。本来打算把头发直接染成粉红色，觉得这样比假发自然，但是一戴上粉红色的假发，天啊，这是哪里来的妖怪？

现在我就要发明出适合戴粉红色假发的彩妆，跟着我开始吧！

DHC 플래티넘 화이트 베이스 (cool green)
DHC 铂白色粉底液（cool green）

에뛰드 하우스 알로하 스킨메이커 베이스 (2호)
爱丽小屋夏威夷高光阴影双色修颜粉（2号）

에스티로더 퓨처리스트 파운데이션 (cool vanilla)
雅诗兰黛水漾润颜粉底液（cool wanilla）

브루조아 힐씨믹스 컨실러 (5호)
Bourjois Healthy Mix 遮瑕膏（51号）

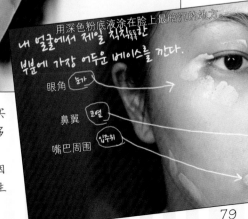

用深色粉底液涂在脸上最暗沉的地方。

내 얼굴에서 제일 칙칙한 부분에 가장 어두운 베이스를 깐다.

眼角 눈가
鼻翼 코옆
嘴巴周围 입주위

这种大工程需要各种化妆品，但如果买刚刚所介绍的化妆品，都加起来要1000多元，所以就买些便宜的就可以了。

我选用了爱丽小屋的青铜色粉底液，因为我的肤色比较深。妈妈，为什么要把我生得这么黑啊？

79

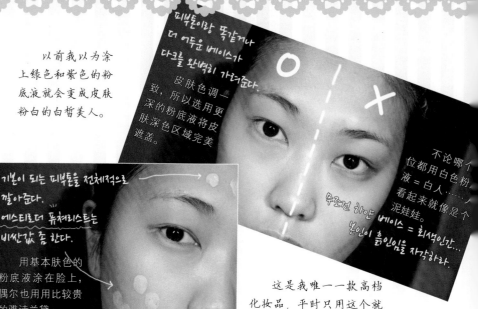

以前我以为涂上绿色和紫色的粉底液就会变成皮肤粉白的白皙美人。

피부톤이랑 똑같거나 더 어두운 베이스가 다크를 완벽히 가려준다.

皮肤色调一致，所以选用更深的粉底液将皮肤深色区域完美遮盖。

O / X

누구건 하얀 베이스 = 회색인간... 본인이 흑인임을 자각하라.

不论哪一位都用白色粉液＝白人……看起来就像是个泥娃娃。

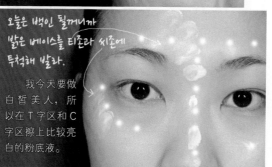

기본이 되는 피부톤을 전체적으로 잘 발라둔다.
에스티로더 퓨처리스트는 비싼값 좀 한다.

用基本肤色的粉底液涂在脸上，偶尔也用比较贵的雅诗兰黛。

这是我唯一一款高档化妆品，平时只用这个就出门了，可是……

오늘은 백인 될꺼니까 밝은 베이스를 티존과 씨존에 투척해 발라.

我今天要做白皙美人，所以在T字区和C字区擦上比较亮白的粉底液。

嗯？已经擦了粉底了，为什么还要擦绿色隔离霜呢？这不会奇怪吗？如果你这样想，那只能放弃白皙肌肤了！

T. C존이 좀 빛나진것 같긴 하다.

T字区和C字区看起来已经开始变亮了。

现在涂上最亮的遮瑕膏，目前只涂了四种。

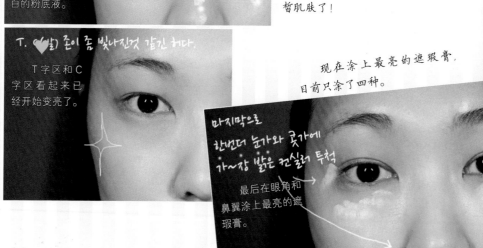

마지막으로 한번더 눈가와 콧가에 가~장 밝은 컨실러 투척

最后在眼角和鼻翼涂上最亮的遮瑕膏。

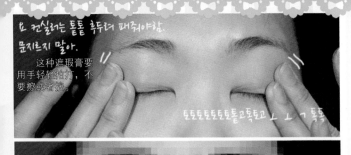

요 컨실러는 톡톡 두드려 펴줘야함.
문지르지 말아.

这种遮瑕膏要用手轻轻拍打，不要擦或者抹。

톡톡톡톡톡톡톡고톡고 ㅗ ㅗ ㄱ 톡톡

眼睛是最精彩的部分，不过怕大家看到会吐，所以就打了马赛克。

톡톡톡톡톡톡고고톡고고 ㄴ ㅗ 톡고톡고톡고톡고고

已经过了3年保质期的 Clio Profesicnal 遮瑕棒橘10号白色款。

유통기간 3년 지난 클리오 프로페셔널 스틱 파운데이션 10호 화이트.

티 존에 발라.
擦在T字区。

괜찮아. 설사만 안싸면 먹어도 돼.
就算吃下去都没关系。
没关系的，不会拉肚子的。

就算涂在皮肤上也不会拉肚子，我最近常用，不会死人的……

흔한 토스트집의 싼 썬크림 투척.

加上在路边雄买的防晒乳。

땀아 버리지 마셈.
不要把这些擦掉。

手掌上剩下的粉底液不要擦掉，可以混合防晒乳，擦在脖子上。

모가지 + 쇄골에 투척
脖子 + 锁骨

지금까지 여러분들은 백인피부 공사 과정을 보셨습니다.

目前为止，各位看到的就是白皙美人肌肤的打造方法。

This is shit white.

这时候皮肤大概也吸收不了四种粉底液了，可能会出现皮脂，或者脸上会出现白色粉末，别担心，不是什么严重的病，出来吧，*mist*！

풋수수 ㅜ 수푸수수녖슈슈슈슈 ㅠ 쏚수

让肌肤喝
点水吧！

물이다 슈밥~

캔디돌 페이스 파우더 1호
Candy Doll 粉饼 1 号

如果是油
肤质，也要在
皮上稍微拍一

지성이신 분들은
눈두덩이도 후두러 패

티존만 후두러 패줍니다.
轻拍 T 字区。

백인 얼굴
마스터즈 라정 수료.

白皙美人
脸蛋的化妆过
程，结束！

S S
백 인

虽然还不是特别白皙，但是心情却特别好，都用了四种粉底液了，皮肤不白还有天理吗？

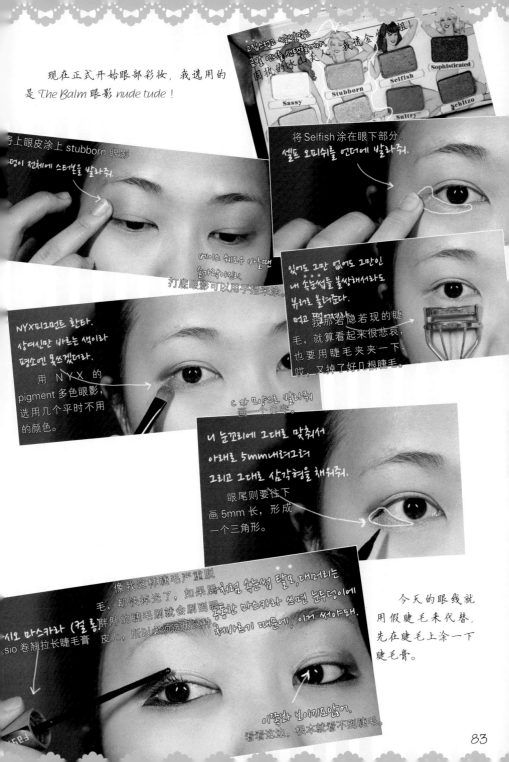

现在正式开始眼部彩妆，我选用的
是 The Balm 眼影 nude tude !

고민끝에 색조메육을
금빛 연타로 선택했어!!!
自拍的冰山美人。我选金光... 组！
Sassy Stubborn Selfish Sophisticated
Sultry Schitzo

将 Selfish 涂在眼下部分。
셀프 오피쉬를 언더에 발라줘.

눈 위 눈꺼풀 涂上 stubborn 眼影
덩이 전체에 스터본을 발라줘.

베이스 쉐도우 바늘땐
손가락이라도,
打底眼影可以用手指来涂。

NYX피그먼트 한타.
상여신만 바르는 색이라
평소엔 못쓰겠더라.
用 N Y X 的
pigment 多色眼影，
选用几个平时不用
的颜色。

C 자 모양으로 발라줘
画一个 C 字。

있어도 그만 없어도 그만인
내 속눈썹을 불쌍해서라도
뷰러로 올려준다.
再把那若隐若现的睫
毛，就算看起来很悲哀，
也要用睫毛夹夹一下。
哎，又掉了好几根睫毛。

너 눈꼬리에 그대로 맞춰서
아래로 5mm내려그려
그리고 그대로 삼각형을 채워줘.
眼尾则要往下
画 5mm 长，形成
一个三角形。

像我这样睫毛严重脱
毛，都快掉光了，如果 脐처럼 눈썹 탈모, 대머리는
毛刷就会刷到
시오 마스카라 (컬 롱 胖胖的睫毛刷 皮上，所以必须选用这种 통긴한 마스카라 쓰면 눈두덩이에
sio 卷翘拉长睫毛膏 취나르기 때문에, 이거 써야돼.

今天的眼线就
用假睫毛来代替，
先在睫毛上涂一下
睫毛膏。

이딱봐 보이지도않어.
看看这边，
根本就看不到睫毛。

83

돌리윙크 10호 스위트 캣 (sweet cat)
달콤한 고양이.
구웨멍가밨나봐

假睫毛选用的
是 Dolly Wink 10 号
(sweet cat), 看, 就
像是可爱的小猫。

让人联想到可爱小猫的睫毛, 就像
我家的 Ruky !

내리깐 눈이 깔끔해서 아름답다.
내가 아름다운게 아니고
속눈썹이.
나의 아주.   眼睛看起来很漂亮
아주... 작은비 吗? 虽然不是我漂亮而
          是假睫毛的功劳, 但是
인정해줘他承认有我……非常小
          的那部分功劳吧。

이제 뷰러를 바로 해줘.
찜찌비비찌찌찌 삐 찌찜어
    现在用睫毛夹用
力夹吧!

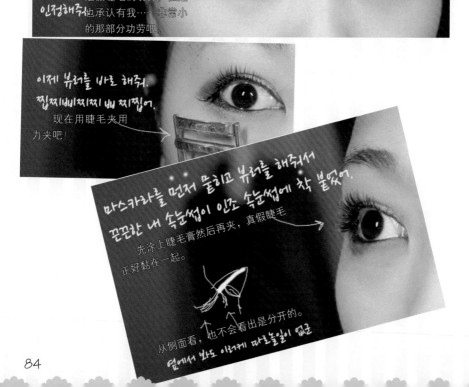

마스카라를 먼저 물하고 뷰러를 해줘서
꼰꼰한 내 속눈썹이 인조 속눈썹에 착 붙었어.
    先涂上睫毛膏然后再夹, 真假睫毛
正好黏在一起。

                            也不会看出是分开的。
从侧面看,
옆에서 봐도 이렇게 따로놀일이 없어

돌리윙크 아이브로우
1호 허니 브라운
Dolly Wink 眼线笔
1 号蜂蜜棕色

꿀 · 갈 · 색 !!
蜂蜜棕色!

돌리윙크 아이브로우 마스카라 1호 밀크티
Dolly Wink 睫毛膏 1 号奶茶色

꿀갈색에 이은 유유차.
이 색깔은 사랑합니다!
蜂蜜棕色之后是奶茶!

别忘了，我们要戴粉红色假
发，所以，眉毛要用粉红色！

아이브로우 마스카라가 마르기전에
핑크색 쉐도우를 올려야해!!!
Hurry up!!
在睫毛膏干掉之前，要先上
粉红色眼影，Hurry up！

핑크색 아크릴을 칠할수도 있지만
그건 너무 티가 많이나는 색이잖아.
코스프레할땐 좋겠지만말야.
虽然也可以擦上粉红色的
亚克力胶，但是看起来会有瑕
疵感，只有玩 cosplay 的时候
用。

오늘은, 내츄럴
But 크리에이티브
今天要自然，但
是也要创新！

85

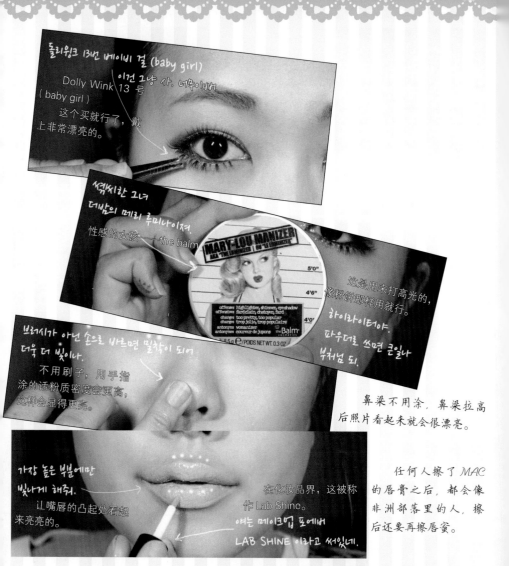

돌리윙크 13번 베이비 걸 (baby girl)
이건 그냥 사, 너무이뻐
Dolly Wink 13 号
(baby girl)

这个买就行了，戴
上非常漂亮的。

섹쉬한 그거
더밤의 메리 루미나이저
性感的女孩——the balm

这是用来打高光的，
像粉饼那样用就行。
하이라이터야.
파우더로 쓰면 클일나
부쳐넘 되

브러시가 아닌 손으로 바르면 밀착이 되어
더욱 더 빛이나.
不用刷子，用手指
涂的话粉质密度会更高，
这样会显得更亮。

鼻梁不用涂，鼻梁拉高
后照片看起来就会很漂亮。

가장 높은 부분에만
빛나게 해줘.
让嘴唇的凸起处看起
来亮的。

在化妆品界，这被称
作 Lab Shine。
얘는 메이크업 뚜에바
LAB SHINE 이라고 써있네.

任何人擦了 MAC
的唇膏之后，都会像
非洲部落里的人，擦
后还要再擦唇蜜。

刷子往鼻子旁边的方向横向刷
几下，但是不要用画圈圈的方式。

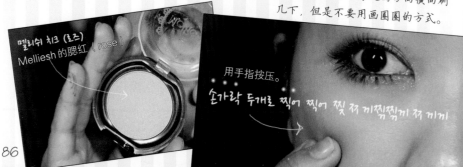

멜리쉬 치크 (로즈)
Melliesh 的腮红 (rose)

用手指按压。
손가락 두개로 찍어 찍어 찍 쩌 끼쩜쩜끼 쩌 끼끼

핑크를 위한 메이크업 완성.
专门为粉红色假发设计
的彩妆，完成！

现在……虽然还是有点紧张，但是还是把假发戴上吧。

가발나라
← 럭키스타
미유키가발

假发世界的幸运之星。

从12点开始化……现在都3点10分了，作业也没写……呵呵……

School Day

你是想化妆的高中生吗?
想要进出校门绝对没问题。

自然美彩妆

16岁被称做二八青春，但我都23岁了，16岁是什么样子的早就不记得了。大人们常常说："那是最美的时候。"但是我拿起高中毕业照一看，那根本就是骗人的！那时候的我不知道打扮，也没兴趣交男朋友，下课的时间只知道和朋友们一起叽叽喳喳的聊天，回想麻雀一般的校园生活，眼泪都要流下来了。你们可要替我美美地上学啊！向大家介绍的这个妆容，是在学校也可以化的自然美青春妆！

稍微用遮瑕膏遮住小瑕疵，再用粉饼收下尾。

用棉棒蘸棕色眼影来画眼线，没有珠光的眼影会比较自然，也不突兀。

用睫毛膏刷睫毛，从根部开始刷起。

用扁刷蘸同样的棕色眼影，画眉毛，比眉笔的效果好。

接着，扁刷移到眼睛下面，从眼尾开始画到眼下1/3处。

选你喜欢的腮红擦在脸颊上。因为眼部彩妆不算浓，所以腮红可以成为美丽的焦点。

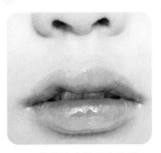

接着涂上乖乖女的裸色＋唇蜜，让嘴唇透出水润光彩！

Puppy

为新生特训准备的可爱彩妆！

新生彩妆

扑通扑通，心脏跳得好快，我终于成为大学生了！经历了高中的魔鬼时期，每天都在期待着大学生活。新生训练时，要打扮起来，化个美美的妆才行。让我这个学姐来教你们初级化妆法吧，可以马上动手化的可爱彩妆！

妆不要化得太厚，在脸上暗沉的地方擦上粉底液，粉饼扑得也不要过于厚重，记得要带遮瑕膏、吸油纸和蜜粉，有空的时候补补妆。

上眼皮涂上 A，可以用粉红色。

选个颜色比 A 更深的 B，面积比刚刚小一点，眼下从眼尾到 1/3 处也要擦。

接着用 C 涂在眼尾部分，要画得圆一点，粉红色与棕色比较搭。

然后一样用 C 画到 1/3 处，就像画一个 C 字。

用 D 擦在眼头下方，看起来是不是有点像国民妹妹 IU 呢？

Make Up Item

A Missha The Style mono touch 眼影 CPK01
B Missha The Style 丝柔双色眼影 8 号玫瑰粉红
C Missha The Style 丝柔双色眼影 8 号玫瑰棕色
D 爱丽小屋 水滴泪光眼线液 1 号清纯之泪
E 爱丽小屋 月光钻石力量 gloss 5 号
F The Balm down boy 腮红

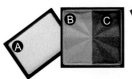

如果眼线膏会结块的话，用手指按下，自然就分开了。

接着画棕色眼线，眼尾的地方也要画得圆圆的，要像鸭子屁屁一样。

眉毛用眉笔自然往下垂，像个可爱的乖乖女。

选用有珠光的唇蜜 E，嘴唇看起来像糖果似的。

用大刷子把腮红 F 刷在整个脸上，稍微往下面刷的话，脸颊看起来有点肉，比较可爱，我的脸就像草莓牛奶一样可爱。

为了看起来光彩迷人，T字区要打上高光，用刷子的感觉更自然。

啊，真的好可爱吧？新生彩妆，完成！

拜拜，黑眼圈！完美的肌肤打造法！

黑眼圈这个讨厌鬼，怎么吃西兰花它都不肯走开，好吧，让我来介绍下遮盖黑眼圈的方法吧！

当当，除了没有微笑，我的素颜完美吧！可是，黑眼圈还真是严重。

选择与自己肤色相近的粉底液，我选择了青铜色。

就算只擦粉底液，左右两边的脸已经不同了。

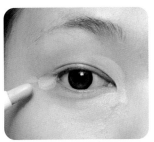

接着涂上遮瑕膏，不需要太亮的遮瑕膏，那是变身白皙美人的时候才需要的。

用手按一下，让遮瑕膏自然晕开，左右两边脸的差异更大了。

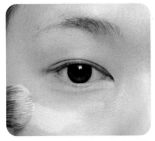

现在涂上稍亮一点的遮瑕膏，要用刷子刷，就像轻轻拂过皮肤感觉一样。

颧骨和脸颊也要涂，现在看，就好像黑眼圈从未出现过一样。

再用粉饼按摩，消除油分。如果是干性肌肤可以省略这个步骤。

从眼皮到颧骨，暗沉的地方都消失了，左右两边的不同，应该一目了然了吧！

Hurry Pink Up

天啊，睡过头了！没关系，
5分钟就够了！

极速彩妆

睁开眼睛一看，8点30分了？天啊，我的头发！昨晚玩到通宵，没想到一睁眼睛，离上班时间只剩下20分钟了。早餐肯定没法吃了，扎起乱七八糟的头发，再穿上衣服就花了10分钟，整理包用了5分钟，手机，手机呢？还有钱包，放在哪里了……为了各位像我这样的女生，我要介绍一种超快速彩妆法，不到5分钟就能搞定！计时开始！！！

> 30秒化妆法！擦完乳液之后，接着将防晒＋隔离霜（BB霜）＋护肤油一滴等混合在手心上，只用8秒，然后擦在皮肤上。在出油的地方，用5秒扑个蜜粉。

用手指蘸A，擦在眼皮上，5秒钟！

把A最深的部分擦在眼尾。2秒钟！

用眉笔画眉毛，眉尾要画得稍粗一些。5秒钟！

B擦在嘴唇上，好啦！4秒钟！

接着把唇蜜涂在脸颊上，之前讲过哦！3秒钟！

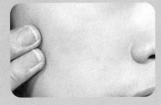

擦上去后马上用手指推匀，不马上推的话会有斑点。5秒钟！

如果到目前为止可以在30秒钟以内完成的话，那么你就可以画眼线了！彩妆完成！

Make Up Item
A Canmake 眼影2号
B 爱丽小屋 樱桃唇膏1号樱桃红

Good Girl

去父母的公司怎么办!

乖乖女彩妆

"喂，修慧啊，我是妈妈，你看到桌子上的 *USB* 了吧？帮我送到公司来吧？记住你别穿得太奇怪啊，也别化乱七八糟的妆给我丢脸哦，知道了吧？"我想要化的妆，父母却不喜欢，哎。看来我得发明个新化妆法了，让大家能够和父母和平共处的妆容。

> 用和自己肤色接近的隔离霜或 BB 霜，看起来会比较自然清新。

把 A 涂在眼下，擦个两三次，眼睛下面会产生粉红色光彩，看起来比较明亮。

然后把 B 涂在眼下 2/3 处，看上去可爱得要命。

眉毛和原来的形状差不多，在眉毛空隙间稍微画下就可以了。

C 可以让你的双唇散发光彩。

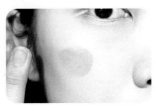

将乳霜状的腮红涂在脸颊上。

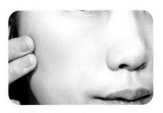

然后就要按摩，让腮红可以紧紧贴附在皮肤上。

完成！嫩嫩的粉色自然妆。现在要帮妈妈跑腿了！

Make Up Item
A Missha The Style 完美闪亮单色眼影 CR01
B NYX 珍珠闪光眼影粉红色
C Missha The Style 眼影 BE001
D Skin Food 水果唇膏

Unique

单眼皮女孩
的独特魅力！

单眼皮彩妆

在电脑里搜索了好久，看了好多美妆博客，全部都只是介绍些为双眼皮而感到自豪的彩妆而已。难道没有人因为我找不到属于自己的彩妆而烦恼吗？我虽然遇到了恩人——双眼皮胶，但是我还是要介绍一种单双眼皮都适用的彩妆，再也不必烦恼了！好，开始吧！

肤色看起来稍微平实一些会比较好，因为东方人的五官不太立体。

哎，我的眼睛原来是这样的，不管眼影涂得有多厚，只要一睁开眼睛，眼妆就会被吃掉。

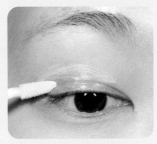

在双眼皮折叠的部分擦上眼影会有褶皱，为了防止这种情况，要先给眼妆打个底。

我选用的是 A，但你可以选择一款你喜欢的、有珠光质感的眼影。

用笔刷蘸 B，在睁着眼睛的情况下大约要画 1mm 左右高度。

如果眼睛闭了起来，大概要画到这个高度，否则看起来会不自然。

Make Up Item

A The Balm Nude Tude stand-offish 眼影
B The Face Shop 眼影可爱天使 BR804
C Aritaum 假睫毛 12 号
D MAC 唇膏

笔刷沿着刚画好的线画下去，不需要打层次，只要将线内面积涂满就可以了。

画得像杏仁一样，再将扁刷刷头立起来，来回刷几次，使眼线效果更好。

然后用眼线液画上 3mm 左右的粗线条，对于内双眼皮的人来说，眼线液可是必需品。

如果遇见眼线液不太好画的地方可以用眼线膏来画。

睁开眼睛是这样的，看起来不会很黑吧？

接着从眼尾画向眼头，连接上眼线，这里我选用的是眼线膏。

要仔细画，烟熏妆也是这个方法。

再贴上假睫毛 C，注意一定要贴在眼线的上方，这样看起来眼睛会比较大。

接着用睫毛夹夹一下。

这样和睫毛贴着稍微有点距离，有时候也会出现双眼皮，如果知道这个位置的话，大概就找到窍门了。就算没有双眼皮胶，也可以打造出双眼皮。

用眉笔画出一字眉，这是最适合这个彩妆的画法。

嘴唇可以选用任何一款唇膏，我选用的是D。

看起来很萌而又散发出强烈的魅力的单眼皮彩妆，完成！

My Way

自拍女神，模特
儿般的美貌！

自拍终结者

我是当代自拍女王，无论何时都可以不顾别人的眼光，随时拿起相机玩自拍，不过那也是因为我有个漂亮的脸蛋才会一直拍。不行呀？（笑）。这次我要介绍的是完美自拍化妆法和技巧。根据脸形的不同，完美拍摄的角度也不同。不要懒得研究自己哪个角度最美哦！让我来示范一下吧！

　　如果是要传到手机里的大头照或是想要放在微博上，就不要这么费力气了，用 PS 不是更有效率。

今天的主题是清纯娃娃妆，将带有珠光的 A 涂满上眼皮。

然后用眼线膏画上细细的眼线，这样看起来比较可爱。

贴上很自然的假睫毛 B，呀，眼睛没有想象的大啊。

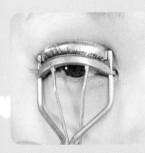

这时就要用睫毛夹来对付它们了，和真睫毛一起从根部夹起。

接着刷上睫毛膏，让真睫毛和假睫毛粘合在一起。

Make Up Item

A Canmake 眼影 2 号
B Dolly Wink 眼睫毛 10 号 sweet cat
C Dolly Wink 眼睫毛 13 号 baby girl
D Dolly Wink 眼影粉 1 号 蜂蜜棕
E Palty 眼影粉 金棕色
F Dolly Wink 眼线笔 1 号 蜂蜜棕
G Too Cool For School 彩色 2 号 love color

下眼皮要在不刷眼影的时候贴上假睫毛 C，这个看起来足够特别。

为了不让假睫毛贴得太下面，要在胶水干之前，调整一下。

用 D 擦在眉毛空隙之间，因为要戴浅色假发，所以眉毛的颜色也要选用浅色的。

用眉刷将眉毛染色，等干了之后，再重复染两三次。

用手指蘸 D，涂在鼻子两侧，让鼻子看起来比较立体。

接着用浅色的 F 把眉毛稍稍整理一下。

再用手指蘸 G 涂在脸颊上，然后推开，如果想要有无辜的可爱表情就跟着我做吧。

唇膏你可以选择任意一款颜色，因为眼妆比较淡，所以任意一款唇膏都可以展现不同的魅力。接下来，你可以拿出相机玩自拍了！

Chapter 3

HOT 热门彩妆

陷入热恋了啊!
恭喜啊! 好羡慕啊!
不过约会只需要掌握三点: TPO (时间、地点、状况)。
棒球场约会和圣诞约会、拜会对方父母的彩妆
难道要一样的吗?
原来你每次都是化着同样的妆啊!
这个这个……
让我来教你化各种彩妆的方法吧!
男朋友如果说:"世界上最美丽的是素颜。"
千万不要相信他, 这是世界上三大谎言之首!

Sleeping Cutie

男朋友说：“我在你家的前面！”

5分钟睡衣彩妆

终于到了属于我的幸福星期天，躺在房里开着空调，吃着零食，一边抓着已经三天没洗的头发，一边看重播的电视剧，这时突然传来一阵门铃声！"什么？已经到了我家门口了？"天哪，我的帅气男友已经在我家门口了！我这个样子怎么见他？你平时是不是也这样呢？不要再戴面具了，让我来教你们5分钟化妆术吧，一把刷子就能搞定的青春少女化妆术！

首先将头发绑起来，或者戴上帽子遮一下，用吸油纸将表面油脂吸掉，接着赶快拍上蜜粉。

用大刷子蘸 A 刷在眼皮和脸颊上，大约花费 25 秒，从眼角到脸颊，用粉红色连成一片。

眼角下涂上 B，最好是选用有珠光粉的眼影。

接下来是花最多时间的眼睫毛，使劲儿夹！

再用圆头睫毛膏刷一下，让睫毛美美的，这里需要 1 分钟的时间。

眼睫毛要刷得像女神一样。刷时方向要往外刷，够漂亮就行了。

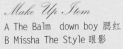

Make Up Item
A The Balm down boy 腮红
B Missha The Style 眼影

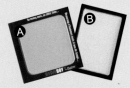

用眉笔将眉毛空隙填上，左右各花 20 秒。

然后就是涂唇膏了，任何一种粉色都可以，接着抿一下嘴唇。

再涂上唇蜜，立刻产生水润光彩。

啊，最适合在家门口 Kiss 的嘴唇！（想像自己成为希腊女神⋯⋯）不到 5 分钟就能完成的彩妆，成功！

人造假睫毛，就这样把你征服！

　　这本书使用了许多假睫毛，这是变身的主要武器哦！假睫毛多种多样，价格也不一，如何选择呢？又怎样能把假睫毛贴得完美无瑕呢？请各位看看下面的完整分析吧！

1.各种品牌的假睫毛

只要贵的就是好的吗？ NO！让我看看它们的品质吧！

　　Ameli 假睫毛（约 6 元）：拥有广大网络粉丝支持的 Ameli，虽然睫毛只有两款造型，但是物美价廉，特别是它透明梗的下眼睫毛，要是不准备几盒，心里就不踏实，真希望它能有更多的产品。

　　Piccasso eyeme 假睫毛（约 60 元）：Piccasso eyeme 的假睫毛大多是演员舞台妆时用的，虽然并没有华丽的设计，但是它讲究自然质感，贴上之后才会有惊人的效果，不过我可不是明星哦。

　　日本进口假睫毛（约 60～120 元）：就假睫毛而言，日本进口的是很不错的，种类很多，但是价格很昂贵，由于是手工编织的，用起来很方便，可爱的设计让人忍不住去买。

　　韩国进口假睫毛（约 12～24 元）：韩国品牌爱丽小屋、The Face Shop、Aritaum、Nature Republic 等也有很多假睫毛产品，品质也都不错。

Daiso 假睫毛（约 6 元）：价格很便宜，但睫毛是塑料的，用起来比较不方便，但是 2、3、4 号感觉不错哦！

Darkness 假睫毛（约 12 ~ 24 元）：这是韩国女生最常用的，我喜欢自然感十足的 K.ma 系列和华丽的 VB 睫毛，设计多样，不过就是戴起来会不舒服。

VOV 假睫毛（约 24 元）：和 Darkness 假睫毛竞争最激烈的就是这个了，以前崇尚华丽设计，最近自然设计的变多了。

2.各种各样的假睫毛

假睫毛们可不都一样哦！让我们针对不同的设计，来分析一下吧！

自然型：自然型睫毛，比较稀疏，颜色也比较淡，看起来不会奇怪。任何人都可以使用，在贴睫毛之前，先用手指将睫毛稍微向上弯，再随意揉一下睫毛。由于在制作睫毛时没有刻意做，所以看起来像真的一样。

多发型：多发是什么意思呢？就是睫毛一撮一撮聚在一起，毛量很多，像洋娃娃的睫毛似的，看起来尖尖的。尖尖的地方是由许多毛发聚集而成，摸起来很软，感觉很可爱，有的戴起来会显得眼睛亮晶晶的。

纤长型：纤长型的是指睫毛没有交叉，笔直延伸的，偶尔在广告上看到这种睫毛，感觉很怪，虽然长，但是不太自然，我自己不常用。

卷翘型：这种假睫毛柔软浓密，烟熏妆或者日本辣妹妆时常用，戴上之后眼睛看起来又黑又亮！在这一类型的睫毛中，有的长度比较短但是很自然，要好好挑选啊！

复合设计型：前半部是自然型，后半部是卷翘型，或者前半部是纤长型，后半部为多发型。一对睫毛，两种效果！

3.挑选适合各种眼型的睫毛

在各种假睫毛中哪种是最适合我的呢？让我们来看看如何挑选和眼型相搭配的眼睫毛吧！

单眼皮：又短又窄的魅力单眼皮，推荐使用长度较短的卷翘假睫毛。自然型卷翘睫毛适合各种眼型，但是最适合单眼皮。当你化浓妆时，睫毛贴上去的位置稍微跟眼线有点距离，也可以让你有双眼皮的效果。

内双眼皮：虽然有双眼皮，但是却藏在里面。如果你也这样，恐怕化妆的时候吃了不少苦头。那么我推荐你选用长度适中的多发型和卷翘型。特别是多发型，贴的时候，稍微往内推一点，看起来会非常纤长和浓密！当然，自然型的假睫毛也是个不错的选择。

双眼皮：既然你有深厚的双眼皮，最适合纤长型和复合设计型。因为双眼皮的线条可以抵消这些假睫毛的不自然感，所以贴上纤长的假睫毛，也不会感到奇怪。反而会有明星的感觉。因为是真的双眼皮，所以不怕胶水干掉，任何复杂的设计都可以尝试。

4.假睫毛的保管方法

假睫毛可不是用过一次就要丢掉的哦！至少要用个三四次再丢掉才能回本啊！花那么贵的钱买的假睫毛，都想用久一些，那么如何保存才能够长期使用呢？

① 小心摘掉假睫毛，用蘸了清水的化妆棉覆盖在假睫毛上面，这时你可以去卸妆。

② 等你卸了妆回来就可以看到假睫毛上的胶水和睫毛膏已经开始软化。接着用化妆棉顺着睫毛擦拭，再用指甲抠掉上面的胶水。虽然是个原始的方法，但还是很有效的。

③ 在很多地方可以买到装药丸的小收纳盒，一对睫毛可以放在一个格子里保管，这比放在原来的睫毛盒里更方便，也不占地方。

请把我弄湿！

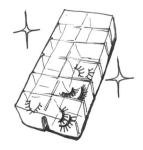

5.简单又容易的假睫毛粘贴方法

　　网络上有很多粘贴假睫毛的方法，每个人都有自己的方法。但是要是跟着做却没有想象的那么容易。在试了各种方法以后，让我来介绍最简单的一种。

　　① 在假睫毛上，涂上胶水，太少的话很快会干掉，太多的话眼睛就会感到湿湿的，所以要掌握好胶水的量。

　　② 吹一下胶水，等胶水干到半透明状态。如果太干，粘的效果会不太好，如果不够干，粘上去就会滑滑的，以我的经验，精确地说需要 7.5 秒。

　　③ 吹的同时双手捏住睫毛两边，绕成圆弧，这样比较好贴。如果是双眼皮，可以不用，单眼皮的你不要忘记这个步骤哦！

　　④ 接着，把稍微干了的假睫毛直接戴在眼睛上，我比较习惯从前面开始粘贴，因为一旦前面粘贴好，后面就容易了。戴上假睫毛之后，如下图，贴右眼时用左手轻轻压住假睫毛前面，贴左眼时用右手按压。

注意没有粘好的地方

⑤ 粘贴好以后，由下往上调整，这个过程，决定了睫毛的角度。如果根部没有调整好角度，就算之后再用睫毛夹也没什么用了。

⑥ 现在贴好了假睫毛，开始检查吧，将眼睛睁开，看看有没有没有贴住的部分，如果有，就用胶水刷刷一下就好了。

⑦ 对于粘贴假睫毛而言，胶水比唇膏还重要，如果睫毛在外出时脱落，那可就惨了。

6.假睫毛胶水

通常买假睫毛的时候都会赠送一管小小的胶水，很多人会直接拿来用。但是以我的经验，另外购买的假睫毛胶水更好！除了黏着力的差异，在卸妆的时候，也能感受到不同，当然价格也不同。

Strike Gold

黄金般的联谊会，我要
用金色彩妆来决一胜负！

联谊妆

虽然我不想告诉别人约会彩妆的化妆方法，但是好像这个应该告诉你们的。因为这个彩妆让我在去年交到了第一个男朋友！怎么样，很好奇吧？用这种彩妆去参加联谊会吧！特别是在黄色灯光的照射下，更显得光彩夺目！下面的方法即使对于化妆菜鸟来说，只要按照步骤一点点做，也可以很快上手。怎么样，想要成为化妆女神吗？

> 要化个大浓妆吗？NO！今天要走自然路线，选择和皮肤同色调的粉底液或 BB 霜，淡淡抹上一层，然后在 T 字区擦上蜜粉就可以了。

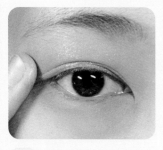

天灵灵地灵灵，让天上掉下个好男人给我吧！将 A 涂满上眼皮。

再涂上 B，眼尾要多涂一点。

用刷子蘸 B，擦在眼下尾端到 3/7 处，感觉如何？

棕色和黑色眼线膏以 3:1 的比例混合成深棕色，用来画眼线。

眼尾的眼线往下画 4mm，变成一对会笑的眼睛！男生一般难以抵挡女生的笑容。

Make Up Item
A Dolly Wink 眼线膏 1 号金色
B Dolly Wink 眼影 1 号棕色款第二种颜色
C Darkness 假睫毛 K.ma8
D Ameli 透明梗假睫毛下睫毛
E Dolly Wink 掩映亮粉 2 号 可可棕
F Skin Food 水果唇彩 6 号
G Missha 咖啡香唇膏 BE001

然后粘上假睫毛 C，尽量和自己的眼睫毛贴紧，这样看起来才比较自然。

再将眼睫毛 D 剪成三截，从眼下的中间部分贴到眼尾，哇，像洋娃娃般的眼神！

再将眼影 A 擦在眼皮中间，强烈的金色珠光，我非常喜欢。

把剩下的珠光粉擦在脸上。

选用和头发颜色很搭的自然棕色眉笔，将眉头画得宽一些才会漂亮。

再用刷子刷 E，把眉头画大，可以让你看起来更乖巧。

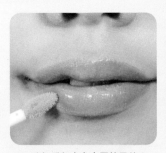

接着，在颧骨下方涂上F，将腮红横向抹开，看起来会很可爱，这个诀窍你知道吧？

选择看起来有丰厚效果的G，可以让唇色更自然健康。

还要打高光，看起来很亮很美。

联谊之后一定还会有故事的哦！散发魅力的18K金彩妆，完成！

Campus

是不是有名校女大学生
的感觉呢？

知性女孩的校园妆

这是为了校园情侣约会所设计的彩妆，虽然情侣可以一起上课，也可以一同在校园里度过浪漫时光，可是别忘了努力学习哦！接下来，我要介绍的是戴上眼镜也会很美的知性女大学生彩妆！戴上眼镜，线条简单的彩妆，会比有很多层次的复杂眼妆更好看。让我们戴上眼镜，和男友来一场浪漫的校园约会吧！

化妆时，要选择适合皮肤类型的彩妆。若是皮肤干燥，就要让皮肤展现出水润感，而油性肌肤则要选用能够控油的底妆和蜜粉。

选择比较暗的 A 涂在眼窝处，没有比棕色更合适的了。

在眼尾处涂上 B，让颜色看起来更有层次感。棕色可以搭配橘色，灰色也不错。

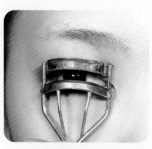

接下来用睫毛夹从睫毛根部的地方夹住，让睫毛固定。

再画上眼线液，涂上薄薄的一层。

眼尾的部分画上像乌鸦爪子一样的眼线，下眼睑用眼线笔由下往上连上。

Make Up Item

A 爱丽小屋 甜蜜爱人单色眼影 可可棕
B Visee glam 眼影 GY-6 第二个颜色
C Missha 唇膏 SCR302
D 兰蔻果汁唇蜜
E The Balm hot mama 腮红

下眼线要仔细画，虽然很难，但也要努力画好。

一直画到眼头的部分，看起来一气呵成。

用睫毛膏刷上下睫毛。

用眉笔修整眉毛线条。戴眼镜的时候，如果眉毛看起来有点角度会更好看。

唇膏用你喜欢的颜色，因为眼妆色彩比较低调，所以唇膏不需要太讲究，我选用的是C。

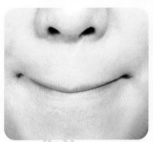

涂好唇膏抿一下，让口红的油脂附着在嘴唇上。

选择比较闪亮的D涂满嘴唇，这样看起来更漂亮。

接下来用与唇蜜颜色接近的E，用刷子刷腮红在颧骨上。

与眼镜相亲相爱的灰棕色彩妆，完成！

各种眉形的差异 Q&A

熟悉各种眉形是学习化妆时必要的步骤，一定要选择与自己脸形相搭的眉形！

Q：我的眉毛和眼睛之间的距离太宽了，好讨厌啊，都说我特别像日本漫画中的 BONO BONO，怎么能解决呢？

A：您好，BONO BONO，可以将眉毛画高一些，要使用色彩度较高的眉笔，画好后用眉刷调整一下，注意，不要把眉毛画成海鸥翅膀哦。

Q：我的困扰是眼睛之间的距离特别窄。

A：您好，您只要和上面的画法相反就可以了。在眉尾的部分用眉笔把眉毛画长，直到太阳穴，如果一不小心画得太长，可就奇怪了。

Q：我的下巴特别尖。

A：这是个非常简单的问题。可以把眉峰画得高一点，会比一字眉让脸形看起来更有棱角，注意眉毛不要画得太细，在画眉尾时快速画过去，但是也别抱有太大期待值，画个眉毛就可以让尖下巴消失，那么泰坦尼克号就不会沉船了。

Q：我的颧骨特别高。

A：我的解答就是一字眉。不过不是单纯横向的一字眉，需要稍微有点眉峰，颧骨的部分坚决不能打高光，在颧骨下方凹陷处或是下巴的部分打一点高光，这样看起来会有点肉，就像打了肉毒杆菌一样。

Q：我是个"老年人"TT 其实我才 20 岁，但看起来像个大婶一样。

A：不要担心，我初三的时候就是现在这张脸了，对你来说，娃娃脸是最需要的。眉毛前端尽量画宽一些，最好用刀片稍微整理一下，让整个眉毛打开。你需要放弃深黑色彩妆，而是要用浅色的棕色彩妆为主！当然告诉你一个好消息，你这样的脸蛋可以一直维持到 50 岁！

Q 我是 BONO BONO 的朋友小企鹅 Pororo，因为长相太平凡别人常对我没什么印象。

A：您好，Pororo。看来你需要锋利强势的眉形。如果能画出长而高的眉峰，那么就有大姐大的感觉了，不过一定要选用适合眉毛的深色，不然人家会以为你是走复古路线的偶像歌手呢。

Q：我是辣妹型女生，眼妆喜欢画比较浓的，适合什么眉形呢？

A：眼妆化的浓，如果眉毛也画得黑的话，看起来就像南美的印第安酋长了。如果喜欢辣妹一样的浓妆，那么眉毛就要亮而薄，不刺眼，这才是高手。

Q：我就像路人甲一样普通。

A：看来普通人还是占大多数的，其实只要顺其自然，将眉毛整理好，在眉毛稀疏的地方用眉笔填补一下就好了。

Cool & Hot

让我一起去桑拿？哎呀，最担心的事还是来了！但是也不能放弃美丽！

桑拿妆

和男朋友一起去蒸过桑拿吗？思来想去，我好像只和姐妹们一起去过，我们一边脱衣服还一边斗嘴，还真丢脸啊……反正蒸桑拿一般都是和妈妈或者朋友去的，吃饱喝足之后，躺下来任由汗流浃背。但是如果和男朋友去的话就不同了，总是要维持形象。现在就让我告诉大家一种化一次就可以搞定的桑拿彩妆吧！

去桑拿房的话真的只能素颜了，可以将水乳霜擦在脸上，如果只是和男朋友看看电视的话，那么可以擦点 BB 霜，可是如果要去蒸汽房，脸上就要和泥了。

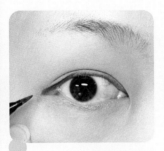

用棕色眼线膏或眼线笔画眼尾，如图，一边笑一边画效果更好。

用眉笔将眉毛的空隙自然涂满，画眉毛就这么简单。

接着在嘴唇上涂 A，好像在擦药水的感觉。

脸颊上擦 B，这款腮红会自然贴附在肌肤上，让皮肤看起来红扑扑的。

用手指按摩一下, OK, 完成!

Make Up Item

A 爱丽小屋 樱桃唇蜜 1 号樱桃红色

B Skin Food 水果唇膏 6 号

Vital

跑步机上的维生素少
女！水果般的橘色彩妆！

健身房里的运动美女妆

虽然已经说了好几万个"明天开始减肥"了，但是如果放任自己的身材的话，肥肉真的会越积越多。我得赶紧去健身房报到了，"天啊，那个恐怖的器械是怎么用的啊？"这样与帅哥教练扯开话题搭讪，让我心里小鹿乱撞啊，这还真是有氧运动了！不管怎么说从现在要开始化妆了，但是在这种肯定会汗流满面的场所怎样才能保持自己的妆容呢？

> 喂喂，别想着化个大浓妆了，不是还要做运动吗？如果很担心，就在黑眼圈凹陷的地方和眼角处淡淡地涂一点粉底液，用遮瑕膏遮住脸上的瑕疵，这样就够了。

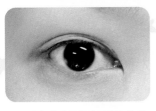

眼角的暗沉解决了吗？如果要运动的话就别涂了，如果不运动就涂一层粉底液。

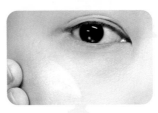

涂上比粉末状产品更容易贴附肌肤的 A。

看，肌肤散发着自然的光芒吧？T 字区和额头都要涂一点。

一定要用防水的眼线液画眼线，眼尾要上扬，才有运动的氛围！

把 B 涂在眼下，有时擦在脸颊上也可以哦。

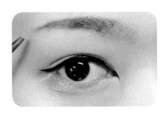

用眉笔画眉毛，把眉毛画薄一点，这样看起来比较机灵。

嘴唇上当然也要涂上 B，简单的防水彩妆，完成！

Make Up Item
A Nars 液体腮红
B Missha The Style 水晶唇膏

Fluffy Pink

让男朋友超有面子的乖巧彩妆！

与男友朋友见面妆

"女生什么时候化妆最好看？" 如果你这样问你身边的男生，100个人中100个人会这样回答："和朋友介绍自己女朋友的时候，自己的女朋友看起来最美是最好的！" 如果你问女性朋友答案也是一样的（增高鞋垫即使垫了10公分也没关系，看起来帅气就好）。我来介绍一下此时最需要的彩妆！不过如果你迷倒了男友的朋友，那可就麻烦了啊，哈哈！

为了完成水嫩+童颜的彩妆，别忘了前一晚要敷面膜哦！将水乳霜和粉底液混合擦在脸上，然后再扑上蜜粉，就ok了！

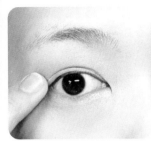

用A涂在眼头到上眼皮的部分，今天的主题是月光水晶彩妆，所以要擦上月光黄色。

在上眼皮2/3处到眼尾涂上B，黄色中散发着粉红色的光彩，好紧张啊。

接着在下眼皮1/3处以画C字的方法涂上C，这三个阶段层次看出来了吗？

用眼线膏画上眼线，眼尾的部分向下。

接着贴上假睫毛D，显得更加优雅和风情万种。

Make Up Item

A Toda Cosa mono 眼影 38 号月光石
B Missha The Style 眼影 8 号 粉红色
C NYX 眼影
D Darkness 假睫毛 K.ma4
E 植村秀 腮红 Glow On M 粉红色 33e
F MAC sheen supreme 口红唇膏 fashion city
G 爱丽小屋 月光钻石力量 gloss 5 号

129

用睫毛夹将真假睫毛一起夹，看看使用前与使用后的差异，这就是睫毛夹的威力！

用睫毛膏将睫毛往上刷。

顺便也刷下下眼睫毛，我的睫毛比较短，其实我不喜欢用这种睫毛膏。哎，如果我的腿毛都变成眼睫毛该多好啊！

选用适合发色的粉棕色眉笔，将眉毛往下画。

用大刷子蘸 E，刷在脸颊上，好漂亮！

唇部用和彩妆很搭的 F。

如果想看起来更漂亮的话，就涂上唇蜜吧，我用的是 G。

让男朋友得意洋洋的彩妆，完成！你的女朋友可是女神哦，对我要好一点！（笑）

单眼皮 VS 双眼皮 彩妆大对决!

我们永远的话题,双眼皮与单眼皮彩妆!现在开始的单眼皮 VS 双眼皮彩妆大对决,可以让我们直接了解二者的差异,在电视节目中引起大反响的就是这个哦!

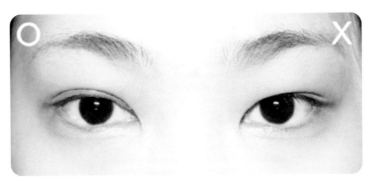

右边是我本身的内双眼皮,因为眼线藏在里面,所以使用眼线膏的话,就会碰到上面的眼皮,真讨厌!左边是我用双眼皮胶水做的双眼皮。

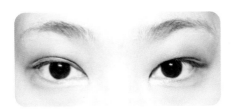

这次没有涂打底眼影,直接上了色。我选用的颜色是 A,左右两边直接用手指擦上眼影。

眼睛稍微睁开,可以看到右边眼睛擦的面积比较大吧?左边的双眼皮会看到黏出来的双眼皮线,算是个小缺陷。

双眼皮的眼睛只需在眼尾画出带有层次感的眼妆,这是个很常见的画法。

然后用 B 画出阴影,没有双眼皮的女生要注意哦,千万不要做层次,只要在画出的范围内涂满色彩就可以了。

睁开眼睛后，看到二者的差异了吧？就算在单眼皮上涂上大面积的眼影，只要一睁开眼睛，还是只能露出一小部分，这就是现实与理想的距离。

尤其是在单眼皮上做层次的话，会让眼睛看起来很肿，所以大部分单眼皮女生都远离了眼影，但是如果把线的感觉画出来的话，眼睛睁开也会看起来很漂亮。

好，现在开始画眼线，双眼皮这一边，用黑色眼线膏填满睫毛空隙，眼线要浅一些，重点是不要覆盖到双眼皮线。

单眼皮则要选择不会晕开的眼线液，画得厚一点，用线条来诠释是单眼皮彩妆的灵魂之处。

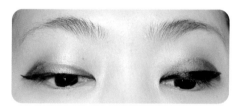 

这是稍微睁开眼睛时的状态，有些不同吧？双眼皮呈现的是柔和的层次感，单眼皮呈现的是线条感。

这是完全睁开眼睛时的状态，看右边，就算眼线有些厚也不会让人感到有负担，两边都很有魅力吧！

然后右眼睛画下眼线，用深色眼影自然连接上眼皮的层次，再用眼线膏画到1/3处。

单眼皮没有层次，越往眼尾的部分眼线画得越厚即可。

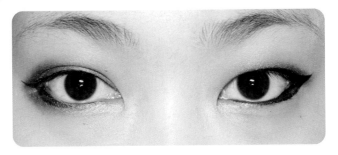

这是画了下眼线的眼睛，二者截然不同，我自己看着都觉得神奇。

现在要粘假睫毛了，双眼皮的眼睛选用纤长型假睫毛，如图，粘的时候不要遮住双眼皮线哦。

单眼皮就不同了，将眼睫毛贴在眼线上面，大约离眼睛3mm的地方，这样有放大眼睛的效果，如果贴好了，也会产生双眼皮效果哦。

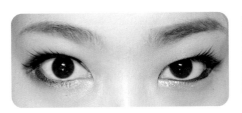

最后就是眼睛下面了。双眼皮眼睛擦上隐约的珠光眼影，配合上面的层次，单眼皮的眼睛要擦上比较粗颗粒的珠光粉眼影，这是重点。

眉毛也稍微不同的话会更好看，配合双眼皮，自然画出月眉型，单眼皮则要画出直线型眉毛。

Make Up Item

A 爱丽小屋 look at my eyes 棕色
B The Face Shop 鲜花丝柔单色眼影 BR804
C Make Up For Ever lab shine 唇膏
D Espoir 唇膏

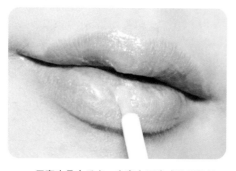

唇膏也是个重点，在富有层次感的彩妆里
我选用 C，双眼皮的眼影要用轻柔的色调，棕
色的会比较好搭配。

单眼皮的嘴唇可以选用 D，单眼皮的彩妆
比较适合强烈显眼的色彩。就像 T 台模特儿一
样，单双眼皮彩妆大对决，完成！

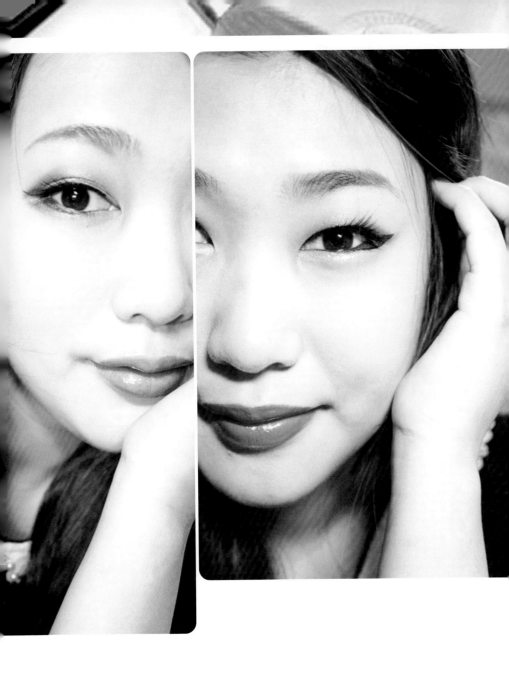

Lady Beige

阿姨，您好！我是小李
的女朋友。

豪门媳妇的高雅彩妆

"儿子啊，把你的女朋友带来家里看看啊！"手机里传出这个声音……到底是谁呢？正在秘密交往的男友，在某一天突然要带我见他的父母，他的母亲是什么样的人呢？我脑中突然浮现许多场景，好像电视剧一样："怎么样？这些钱够了吧，请你别再缠着我儿子了！""不，阿姨，我们是真心相爱的！""不行，你们是同父异母的兄妹！""什么？"天啊，我好像成了电视剧编剧啊！好了，让我整理下心思，开始化一个高雅清秀的豪门媳妇彩妆吧！

如果想给人留下清新自然而又高雅大方的印象，要选择接近自己肤色的粉底，遮瑕膏只需要擦在部分瑕疵上面，上蜜粉时，不要让妆看起来太厚。

上眼皮涂上没有珠光的A，今天不使用华丽的珠光系列，因为我是清秀典雅的女生。

再用热可可颜色的B顺着双眼皮线涂上去。今天也不打算画眼线，以展现我的端庄。

然后用睫毛夹从睫毛根部夹起，阿姨，请多关照！

尽情涂睫毛膏吧！

眼睛下面别忘也涂上睫毛膏哦，我是个细致的女生！

Make Up Item
A 爱丽小屋 甜蜜爱人眼影膏2号
　拿铁咖啡
B 爱丽小屋 甜蜜爱人眼影膏3号
　热可可
C Skin Food 唇颊恋爱鲜果盒6号

然后用纤长睫毛膏再涂一遍，下眼睫毛也别忘了，因为我是个踏实的女生。

把棉签头的棉团拆掉，再把木头加热，从眼睫毛根部开始熨烫，我是个有野心的女生。

阴影闪亮彩妆，完成。

鲜明的眉毛给人以干净利落的感觉，我就是很利落的女生，连打扫房间也是哦。

在脸颊上打上自然的红晕，最好用乳状的腮红，我可是贤妻良母的绩优股哦。

稍微按摩一下，欣赏一下贤妻良母的脸蛋吧。

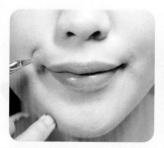

用唇刷蘸C涂在双唇上，唇刷最好竖起来使用，唇纹别忘了遮盖哦！

然后将T字区和C字区打亮。

从散漫的电视剧编剧变身为豪门媳妇的彩妆，完成！

Purple Snowgirl

冬天特别的约会场所——滑
雪场。

白雪映衬下的快乐彩妆

比起去海边，我更喜欢去滑雪场，原因有两点：第一，厚厚的滑雪服可以把身体裹起来，和那些魔鬼身材的女生没有分别。第二，就是可以看到那些玩滑板的帅哥们。虽然我只会玩雪橇，但我也要保持好形象。今天我要化一个温柔的紫色彩妆。美女们，准备好穿着滑雪服释放魅力了吗？

冬季的户外运动，最重要的就是防晒和保湿，将护肤油和粉底液混合使用，一定要多涂防晒霜，万一在冬天晒伤肌肤，那就无药可救了。

用青紫色眼线笔A画眼线，要画粗一些。

眼尾部分向上翘，像鸭子屁屁一样。但也不要太尖锐，就顺手往上画一点就可以了。

OK！睁开眼睛就是这样的，好像眼睛上面盖着什么东西一样，这就成了一个可爱的亮点。

Make Up Item

A Holika Holika 魔法公主钻石光防水眼线笔 4 号紫水晶
B Urban Decay Glide-On 眼线笔 asphyxia
C Toda Cosa MONO 眼影 25 号深紫色
D Darkness 假睫毛 k.ma6
E Too Cool For School 唇彩 彩色 2 号

然后用荧光紫色的眼线笔 B 画下眼线，比上眼线要淡，并且珠光是重点。

这样就结束了吗？ NO！NO！NO！睁开眼睛看一下，好吓人啊！

哎，像我这种内双眼皮的女生，就会把眼影粘到眼皮上，好讨厌！

这时，用紫色的眼影 C 涂在刚刚粘到的地方，有时也会算一下眼线要画到哪里才不会被粘。

接下来假睫毛 D 登场，好久没有露面的纤长假睫毛，Long time no see！

然后用棕色眉笔画眉毛，最近流行这种眉毛，怎么样？

然后开始上腮红，我觉得 E 不错哦！擦到脸上后，按摩推开，就可以和皮肤自然地融合。运动彩妆的重点是让妆容能够老实地贴在皮肤上。

接下来直接把 E 涂在嘴唇上，脸颊和嘴唇同一个颜色。

紫色运动彩妆完成！也可以换一种颜色，方法一样哦！

"我喜欢不化妆也漂亮的女孩！"这家伙这样说。

素颜彩妆

切，什么嘛，那个家伙要是把增高鞋垫拿出来不知道有多矮呢！难道化妆的女生就是长得丑吗？穿上漂亮的衣服会变得更漂亮，画上漂亮的妆也会会变得更漂亮啊，为什么不行呢？为了那家伙喜欢的素颜，折腾死我了。又不是不化妆就会不认识我，难道还要问"你是谁？"好吧，那我来介绍一种能够隐藏所有化妆技巧的裸色化妆法，只要一支睫毛膏，就可以让我成为化妆界的女王！

想要素颜？那就留一点瑕疵吧！选择与肤色相似的粉底液，加上少量有打亮效果的乳霜，两者混合在脸上涂薄薄的一层，粉底液＋防晒乳混合使用也 OK。

将 A 涂满上眼皮，最好选择和自己肤色相近的眼影作为底色。

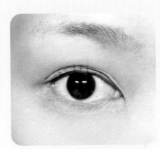

睁开眼睛，也不会感觉奇怪。但是这种眼影，涂与不涂是有区别的哦！

然后用睫毛夹夹一下，尽情"折磨"它吧，因为今天就靠它了！

将假睫毛 B 剪成三段，贴在真睫毛下方！

怎么做？将眼皮用手翻起来，要小心不要把胶水黏在眼睛上！练习个 2 万次吧！

Make Up Item

A canmake 渐变色眼影 2 号（中间亮的颜色）
B Ameli 透明梗下假睫毛
C Candy Dou 桃粉色腮红
D Too Cool For Suhool 果冻啫喱唇蜜 3 号裸橘色

这时候睁开眼睛！晕！比花钱去种的睫毛看起来还自然。当然了，因为我把假睫毛黏在真睫毛下面了啊！

接着用睫毛膏将眼睫毛染上颜色，深一点最好，这样假睫毛差不多已经成为我身体的一部分了。

除了上眼睫毛，下眼睫毛也不能放过，今天是睫毛的艺术展示会，下眼睫毛涂上睫毛膏，左右来回刷。

用夹子把睫毛两三根夹成一束，因为大家都是初学者，所以这里怎么也要花费 1 个小时的时间……加油，好好练习就会成功。毕竟不能真的素颜见人啊。

用眉笔填满眉毛缝隙，画的时候要记住你是素颜哦！

用大腮红刷蘸 C，在脸上轻轻刷两次。

唇部涂上 D，让嘴唇散发自然光彩，就像我原来的嘴唇一样。（腐笑）

接下来就是打高光了，轻轻蘸下珠光粉，刷一下颧骨。

然后用同样的方法打上暗影。用刷子蘸蜜粉，在下巴的位置轻轻刷过，因为下巴也很重要。素颜彩妆，完成！

Cat Girl

独特的简约美，个性简
单的猫女妆！

跨年派对妆

男朋友竟然为我预约了跨年演唱会的票！在派对的氛围下进行跨年倒计时，哦耶！要在这百万人中崭露头角，不管是博客、微博还是人人，都要上传精彩照片！今天要化什么样的彩妆呢？别的女生也一定会精心打扮的……哎，好烦啊！这时候就需要反向思考了！别的女生都会化一个像阿凡达一样厚重的烟熏妆，我要用干净的眼线和彩妆来战胜她们，就像沙土中的珍珠！个性简单的猫女妆，开始！

从打造完美肌肤开始吧！粉底液选择和肌肤相近的颜色，因为如果太白，脸上的瑕疵和黑眼圈就很难遮住了。

今天不涂眼影也可以，用眼线膏画眼线，眼尾部分要画得厚重一些，圆一些，是不是很特别？

然后用眼线笔从下眼头开始画到眼睛 1/2 处，打造猫眼效果。

唇部选择一个你想要突出的颜色，我选用的是 A。

用大刷子蘸 B，刷脸颊，颜色可以选择和唇膏相同的。

接下来给颧骨打上暗影，下巴也要，这样才能修饰过长的下巴。

现在照下镜子吧！是不是很满意？我要用简单的彩妆打败阿凡达们！啊哈！

然后选择和头发颜色相搭的眉笔色，我选择的是红棕色，将眉毛画得明显些。

高光很重要，因为这样脸才能散发光彩。

今天鼻子也很重要，如果不想让珠光粉太刺眼，可以用手涂。

哦耶，太成功了！在烟熏女们中鹤立鸡群的猫女妆，完成！

Make Up Item
A Missha 花妍柔亮唇膏 SPK105
B Ameli 基础腮红 093

Cheer

喝啤酒吃炸鸡，还有本
垒打！运动女孩帅气妆！

棒球场上的约会

貌似观看体育比赛的约会是有男朋友的女生的专属活动，但是在忘情加油的时候，也别太忘形……虽然一再提醒自己，千万别在男朋友面前自 high, 但这时候也不是装淑女的时候，所以化个活泼少女的彩妆吧，顺便把眼影的特别画法也告诉大家。

因为在户外会大量流汗，所以化厚重的彩妆是不可行的，将防晒乳和粉底液混合后，薄薄地擦上一层，只要在有瑕疵的地方涂一点遮瑕膏就好了，别忘了随身带着吸油纸和蜜粉。

用 A 在眼尾的位置画 C 字，将眼睛分为三部分，涂在眼尾 1/3 处。

然后，在前端，也就是除了三等分中的中间部分的 1/3 处也画上同样的眼影。

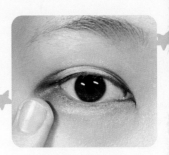

接着在中间位置涂上 B。

如果想要简单一点，就闭上眼睛，直接用手涂在眼皮中央，有趣吧？

接下来，将稀疏的睫毛用睫毛夹夹一下。

Make Up Item

A Dolly Wink 眼影 1 号棕色 第三种颜色
B The Balm NUDE TUDE 眼影 snobby
C Skin Food 唇颊恋爱鲜果盒 6 号
D MAC 唇膏

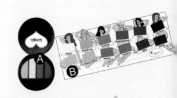

用纤长睫毛膏刷睫毛。

下睫毛也要认真刷哦！

眉毛要和头发颜色相搭，画一个运动风的眉形吧，如果不知道画什么样的，就随心所欲吧。

用 C 轻轻刷脸颊，反正最后会被晒成烤番薯，所以不刷腮红也可以。

嘴唇选择甜美的 D。

完成！现在可以高声喊加油了！

在弘益大学路上，与好久不见的朋友聊天寒暄。

现在回想起来……
如果不是那些流浪猫让我停下脚步，
我可能再也找不到我的钱包了。TT
因为附近找不到卖猫粮的店，
只好买了一大包狗粮给它们。

猫妈妈开始过来吃狗粮。

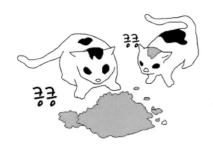

然后其他小猫也开始跟着吃。

吃饱了的话不会再跟着了吧!

慢慢吃吧，猫咪们 T T

虽然没有办法照顾全部的小猫，
但是希望它们可以好好吃一顿。
它们就像 Ruky 一样，
即使很累，也会努力活着，我要向它们学习。

一回到家，就把 Ruky 抱了起来。

White Christmas

喜欢白色圣诞节的红唇
彩妆！

雪花圣诞妆

圣诞情侣……为什么我孤身一人呢……我不会告诉你们圣诞专用彩妆的，你们自己看着办吧！但是我会为了没有男朋友的天使们，教你们圣诞派对的化妆术。很多人常常在冬天的时候，把眼睛涂上雪的颜色，其实这样很不好，女巫才涂白色眼影呢，我们要用化妆品打造闪亮的光彩，嘴唇要涂上圣诞的鲜红色，这样，你的圣诞彩妆就完成了！

准备和冬季的干燥对抗吧！将护肤油和粉底液混合之后涂在脸上，保湿效果满分哦！

将 A 涂在上眼皮，这是白色的珠光眼影。

然后将手上剩下的眼影涂在下眼皮，就像下雪一样，涂眼影的感觉真爽！

用小刷子将 B 涂在眼下的中间部位。

再用同样的 B 画在双眼皮线上，同样也是中间的位置。

用黑色眼线液画眼线，中间要画得厚一些。

Make Up Item

A Dolly Wink 眼影 2 号水晶
B Make Up For Ever 明星粉饼白色
C Darkness 假睫毛 k.ma9
D Missha 唇膏 SRD702

然后贴上假睫毛 C，中间要贴得高一些，眼睛看起来会更大。如果贴假睫毛已经很熟练了，可以试着开始调整高度。

接下来用睫毛夹夹睫毛。

假睫毛夹高之后，看起来很不一样吧？

用睫毛膏刷下睫毛，只要在中间刷一下就可以了。

用与头发颜色相近的棕色眉笔画眉毛。

不能只画眉毛，用同样颜色的眉刷再给眉毛染个颜色吧。

现在就剩下嘴唇了，选择 D 将嘴唇画得美美的吧。

用刷子蘸珠光粉，将 C 字区和 T 字区打上高光。

以红唇为重点的雪花圣诞妆，大功告成！

Chapter 4

无限变身的彩妆

人生只有一次,
总是以同样的风格活着, 不会感到很无趣吗?
所以我会跟随心情去改变,
有时候变成"男生",
有时候会变成来明洞玩的"日本辣妹",
有时候会变成散发东方魅力的"花木兰",
有时候又会变成"吸血鬼",
生活总是充满不可思议。
每当这时我就好像换了一个人似的,
这也让我发现了我内在不可思议的一面。

Little Believe

可爱的雀斑！

自由个性俏皮妆

波西米亚风、嬉皮风、复古风，虽然我不知道我这种装扮的真正意义，但是如果用一句话概括，可以说"像气丐一样但是很好看！"如果像我一样想流浪一次的话，就跟着我做吧！今天要学的妆容，是在任何时候都不会感到约束而且充满魅力的流浪者彩妆。以前只知道要遮住脸上的瑕疵，而今天是第一次要刻意凸显脸上的雀斑，没想到和卡通少女一样可爱，现在开始跟着我做吧！

这个彩妆给人以中性的感觉，选择和自己肤色相近的粉底液。

先教你们给眉毛染色的方法，用 A 画出你想要的眉形，我直接画成了直线。

然后画眉毛，让眉笔稍倾斜，画起来更自然。

即使有结块也不要担心，用眉笔后端的刷子刷一刷就可以了。

然后就是重点了，先在眉毛上涂遮瑕膏，从后向前涂更容易。

在遮瑕膏干之前等大约15秒，然后开始染色，因为已经看不到黑色的眉毛了，所以只要涂一下就会变成金色了！

Make Up Item

A 兰芝 眼线笔 1 号基础棕色
B 爱丽小屋 甜蜜爱人眼影拿铁咖啡
C Ameli 透明梗假睫毛长款
D Ameli 透明梗假睫毛下假睫毛
E Holika Holika 眼线笔

现在要正式开始化眼妆了。先用 B 涂满眼皮。

然后用睫毛夹夹一下。

天啊，就算用睫毛夹夹也就这样了。苍天啊，请让我的睫毛再长一点吧！

因为没什么睫毛，所以就用假睫毛吧，因为不画眼线，所以把 C 和真睫毛贴到一起。

把 D 每三根剪成一段，共剪成三段，贴在眼睛下方的中间部分，3×3=9，真是可以让头脑变聪明的彩妆啊。

角度如果太低就会显得很奇怪，趁着胶水干掉之前，用手调整好，保持 10 秒不动。

现在用睫毛膏把真假睫毛融为一体吧！

唇膏选用 Missha 幻彩唇膏，是我最喜欢的颜色。

接下来再涂上透明的唇蜜，一下变得很闪亮。

用刷子在颧骨下面横向刷，真是太可爱了！

现在要在脸上画点小瑕疵了！用刚才用过的 A 点几颗小雀斑。

如果做起来很难的话，用 E 来代替也可以。

好了，就像真的雀斑一样！

波西米亚小乞丐彩妆大功告成！

Punk Rock

摇滚风烟熏妆！

朋克烟熏妆

我一直都很喜欢摇滚，艾薇儿、玛丽莲·曼森，特别是日本强烈的摇滚风，都是我模仿的对象。这次的彩妆是朋克摇滚妆！但不是只画上黑色眼影的烟熏妆，而是带有感情，为了表现摇滚精神的水润巧克力烟熏妆，最大的秘密就是在眼影上涂一层唇蜜，哦，天啊，太神奇了！其实唇部化妆品也可以用在眼睛或脸颊上哦！

原来朋克或者哥特式的烟熏妆，是西方人模仿死人所化的妆！一定要选择黄肤色的隔离霜和亮色调的粉底！

将眼影 A 涂满上眼皮打底，这种灰突突的颜色打底，真够味儿！

然后涂上 B，要涂到能看清为止，现在仿佛感受到了死者归来的气息了。

按照同样的方法将同样的眼影涂在下眼皮上。

然后涂上黑色的眼影 C，眼皮中间的位置要画得突出些，我要画出熊猫眼。

下眼皮也用同样的方法化，但不要太往下。为了比例，眼下部分眼影的宽度大概在睁眼时上眼皮眼影宽度的1/4。

Make Up Item

A 爱丽小屋 甜蜜爱人眼影 2 号拿铁咖啡
B Skin Food 眉粉
C Make Up For Ever 钻石眼影黑色
D MAC 唇膏 GAGA2

然后用尖尖的眉刷，将刚涂上去的眼影调整一下，模糊掉不同眼影的界限。

再用棉签在眼影处涂上透明的唇蜜，现在，烟熏妆的灵魂出来了！

用遮瑕膏把眉毛染上颜色，让眉毛消失，这才是真正的灵魂！

唇膏选择少女款，颜色太完美了，太棒了！

再加上D，闪耀水润光彩，特别是在嘴唇尖尖的地方仔细涂一下。

充满摇滚精神的黑色烟熏妆完成！现在去公演场，当个摇滚歌迷吧！

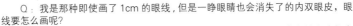

Q：我是那种即使画了 1cm 的眼线，但是一眨眼睛也会消失了的内双眼皮，眼线要怎么画呢？

A：和我的眼睛一样啊，去做手术吧！如果这么说的话，买这本书的女孩们会骂死我吧，我告诉你们方法吧。有时候需要反向思考，如果不是 A+，就是 F，要么就厚厚地画上去直到睁开眼睛也能看到，要么就反其道行之，把眼线画得很薄，二选一吧！记得，眼影不要做层次，只要把外面的线画清楚就可以了。

Q：去年我刚做完双眼皮手术，可是单眼皮时候养成的化妆习惯总是改不掉，总是画很厚重的眼线。

A：天啊，如果有双眼皮的话，眼线就没必要画那么厚了！只要浅浅画上一条就可以，让别人可以清楚地看到双眼皮线，这样眼睛看起来才会更大，比起深色的眼影，浅色的珠光眼影效果更好。

Q：我的瞳孔很小，也不能每天都戴美瞳，难道没有其他的办法吗？

A：这时候可以采用制造错觉的方法来"放大"自己的瞳孔，在瞳孔的上方和下方，用黑色眼线膏画出大约 1cm 的眼线，这样给人的感觉仿佛是和瞳孔合为一体，像小熊娃娃眼睛一样。事实上，如果能够再戴上美瞳，放大效果两倍哦。

Q：我是 BONO BONO。

A：BONO BONO 又来了。如果双眼之间距离太宽，给人一种总是发呆的感觉，应该怎么办呢？在眼头的部分画上眼线，可以延长眼头的长度，但是这可不是每个人都可以做出来的。像我的眼睛就如同是蒙古人的眼睛，如果想在眼头画上眼线很难。有同感吧？这时候，先用眉笔将眼头描一下，然后再将眼睛前面的部分点一个黑点做连结就好了。

Q：我眼睛长得像杏仁，向上弯，让人感觉很凶，而且眼睛很小。

A：凶巴巴的杏仁眼，我推荐将眼线拉长。往下画约 5mm，眼下的部分，如果涂上眼影或者画上眼线都会显得不自然，这样不仅会给人可爱的感觉，眼睛也会被放大两倍！

Q：难道没有即使化浓妆也不显得过分的眼线画法吗？

A：这真是一举两得的心理，我推荐给你一种眼线画法。上眼线和平时一样，下眼线画到眼后的 1/3 处！下眼线要画上泪腺，看起来眼泪汪汪的，这个妆看起来不厚重，你可以多试试，贪心鬼！

Q：我经常去夜店，我需要化什么样的妆？

A：眼线上下都要涂，不要画到黏膜处，按照眼睫毛的线条画就可以，这样眼睛会看起来更大。不管是单眼皮还是双眼皮我都推荐。

Q：我想找一找当明星的感觉，每天眼神都那么空洞，很烦。

A：我也是因为参加了几次电视节目对此有点研究，首先按照平时的方法化妆，最后一步的时候用眼线液打造不同的眼尾，将眼线往上画，从眼角处扬起 79.5°！在眼睛下面的位置涂上珠光粉，就大功告成了，很像明星吧？

Oriental

让西方人着迷的东方
魅力！

木兰彩妆

虽然很多人为了看起来像西方人而去做了双眼皮，并且把鼻子垫高，还学西方人听着蓝调音乐跳舞，但是真的到了西方，反而是单眼皮的东方女子更受欢迎。我们可是独一无二的，这样的魅力就算到东南亚也找不到呢！能够将这种单眼皮魅力发挥到极致的彩妆就是木兰彩妆。所需要的化妆品和颜色只有两种，就是黑色的眼线和红色唇膏。这种妆容出去肯定会成为焦点哦！

> 让我们化一个干净的彩妆吧，让肌肤看起来自然无瑕，但是黑眼圈和脸上的瑕疵要用遮瑕膏遮住哦。

用遮瑕笔消灭眼睛周围的暗沉肌肤，展现出东方女子陶瓷一般的洁净肌肤。

用手轻轻按摩，把黑眼圈也消灭掉，如果是油性肌肤，还要擦一下粉底。

眼睛下面的部分要涂上遮瑕膏，与自己的皮肤调和一下！

稍微按摩一下，就好像是自己的肌肤一样，让人产生这样的幻觉。

扑一点蜜粉，锁住妆容。

Make Up Item
A Holika Holika 唇膏深红色

169

睁开眼睛，在眼线要画到的地方做上标记，我要画到这里！

用眼线液画出又粗又厚的眼线，如果觉得难，可以用眼线液先画出外围，再用眼线膏涂满。

这在时尚圈也是很红的！热情洋溢的东方彩妆，看起来很漂亮吧！

用灰色的眉笔画出眉峰，木兰彩妆就要这样。

用遮瑕膏涂在唇线上，现在可以打造新唇线了。

用唇笔蘸 A，仔细描出唇峰，嘴角要画得美美的哦！

打暗影的粉底要刷在颧骨下面，范围大些，有点复古的感觉，让人觉得很神秘。

还可以擦上带红色的蜜粉，一次性将腮红和暗影的感觉表现了出来。

不管是国内还是国外，都会让你大受欢迎的木兰彩妆，完成！

化了一个木兰妆，顺便也做一个发髻吧！
好像是从武侠电影里走出来的人。
我觉得黑色的发髻最漂亮，
这可是东方人发型的源头。
如果把发髻放下来，
也会有另外一种性感东方女郎的感觉。
啊，花木兰有男朋友的，那我的男朋友什么时候
会出现在我身边呢……

木兰是谁呢？
花木兰，几乎是众所周知的，但是在迪士尼卡
通电影《花木兰》中所描绘的花木兰，可以看出西
方人对东方女性长相的印象，虽然引起不少非议，
但是强调东方女性的魅力双眼，貌似也不是什么坏
事，对吧？

Dolly

走在街上的洋娃娃！萝莉
女的魅力！

洋娃娃彩妆

除了女神，女生们最想听到的赞美词恐怕就是"洋娃娃"了，不是杀人娃娃，是芭比娃娃哦！但是像我这样的，个子又高，块头也大，和洋娃娃差得远呢。所以我要向大家介绍一种彩妆，不过如果想要成为天使一般的洋娃娃那还是放弃吧。但是可以让你们变得看起来有些特别，通过错觉，让眼睛看起来很大，刷上带有无辜感的腮红，让你清纯两倍！洋娃娃彩妆，现在开始！

> 如果想要让肌肤像洋娃娃一样，从粉底、隔离霜到遮瑕膏都要涂，还要多扑一些蜜粉，让皮肤看起来很有弹性。

将眼影 A 涂满上眼皮，这款眼影含有细致的珠光，很适合打底。

将粉色眼影 B 涂上去，嫩嫩的粉红色让你更像洋娃娃。

将 D 涂在下眼皮处，这个颜色比粉嫩的粉红色稍微深一点，涂到眼尾 1/2 处。

用棕色眼影 C 在眼尾处做层次，把深粉红和粉嫩的粉红色连接起来，这样会显得更自然。

然后，用眼线膏画眼线，眼球上方要画得重一些。

Make Up Item

A 爱丽小屋 甜蜜爱人眼影膏 2 号基础色
B Missha The Style 眼影 8 号粉色
C Missha The Style 眼影 8 号棕色
D NYX 眼影
E VOV 眼睫毛
F Dolly Wink 假睫毛 5 号
G 爱丽小屋 水滴泪光眼线液 1 号清纯之泪
H Make Up For Ever 明星粉饼白色

中间的部分要画得厚一些，接着眼尾的部分要尽量往下画。

眼下的部分，只在眼珠的位置画眼线，大约1cm长度。

这样眼线和眼球就融为一体了，眼睛看起来更大，如果再戴上美瞳的话，效果更好。

接着，开始贴假睫毛，稍微往后点，一直贴到眼尾。

下假睫毛选用F，尽量和自己的真睫毛连在一起。

用G画在眼头部分，看起来很善良。

眼头处涂 H，如果在上面涂上液体亮粉，很容易被吸附。

接着用基本色的眉笔画眉毛，眉毛前面如果画宽一些，就会看起来很少女。

再用浅色的睫毛膏染一下眉毛。

腮红用粉红色，因为想要延展的效果所以不用大刷子，用手就可以。

然后再涂上最红的唇蜜，加上腮红的颜色，看起来又可爱又无辜，像个洋娃娃。

可以迷惑人的洋娃娃彩妆，完成！

Hollow

变身外国模特儿！安吉丽娜·朱莉的眼部化妆

眼部彩妆

2012年巴黎时尚周模特儿走秀烟熏妆！今天的主题就是烟熏妆，就好像在眼睛上涂上颜料的感觉。不知道谁说的，西方人和东方人不同，因为支撑眼皮的肌肉比较多所以能长出比较厚重的双眼皮。我们向外国模特儿下战书吧！化上这个彩妆，重振声势，摆一个海报pose，我就是中国最顶尖的时尚模特儿！Let's go！

皮肤要化得白一些，就算妆化得厚也要完美遮瑕。

首先，用眼线膏在上眼皮1/3处开始画到眼尾，下眼皮则从1/2处开始画到眼尾。

用扁刷蘸上黑色眼影A，涂在眼尾。

就是这个样子。渐渐刷宽，让眼皮可以清楚展现。

闭上眼睛是这样的感觉，越往眼头，颜色越要淡。

下眼皮也是同样的方法化好，如果想让黑色看起来更好看，可以用湿纸巾蘸一下刷子，效果会更好。

Make Up Item

A Make Up For Ever 钻石眼影黑色
B NYX 眼影黑色
C MAC 唇膏
D MAC 唇膏 GAGA2

在眼皮上画一大片，画到眼尾凹陷的地方就可以了。

然后刷上 B，每次一闭上眼睛，珠光就会闪亮。

眉毛要模仿安吉丽娜·朱莉，画得又高又细，虽然最近不太流行，但是外国的女孩都这样画。

用扁刷蘸打暗影用的蜜粉，刷鼻梁，今天我要变成西方人，所以暗影的步骤要做好哦！

刷子往下移，鼻头也要打上暗影。我的鼻子更漂亮了！

嘴唇上涂 C，眼妆画得浓，所以嘴唇要低调些。

用 D 再涂一次，东方人大部分都比较适合浅色调。

用大刷子蘸暗影用的蜜粉刷颧骨下方，再刷一下下巴，然后这个外国模特儿彩妆就大功告成了！

如果戴假发，很容易让人联想到秃头吧？其实，戴假发就像是换衣服一样，因为用自己本身的发型来变身太有限了，所以用假发可以带来更丰富的效果。去美发店剪一个合适的短发后，也会发现新发型还有新作用。除了整体假发以外，还有局部假发，大家尽情使用吧！

选择假发的方法

挑选假发的时候，最基本的就是挑选造型、颜色、状态和数量等，让我们简单地挑一个吧！

1. 选择什么样的假发呢？

如果想知道自己适合什么样的假发，如果不亲自试戴是无法知道的。假发戴在模特儿头上就好像真头发一样，可是戴在我的头上，好像去拍大头贴的学生。其实，要学会假发设计才是真的开始，这一点都不夸张，如果自己做不好的话可以去美发店去做，如果自己没技术就只能花钱了。

2. 选择什么颜色呢？

虽然棕色或者黑色对任何人来说都算得上自然的颜色，但是如果想要戴很亮的假发，就要调整自己的肤色了。试想，如果因为在气头上染了一头金发，你的脸色顿时就会感觉暗沉了不少，像我这样的小黑人，如果带上红葡萄酒色或者红棕色假发的话，看起来就不那么黑了。

3. 发质的状态

假发可分为真人头发、高热头发和一般假发。真人头发的发质和自己的头发一样，可以使用吹风机，卷发器，也可以正常洗发，最少可以维持 6 个月以上。但是价格很贵！

所以，大家几乎都选用高热头发，就算在头发上使用高温的工具也不会融化，可以使用在 150 度以下的卷发器。退热之后，再做造型。虽然有很多种类的人造假发，但是平均来说可以使用 3 个月左右，如果好好保管，也可以使用半年。

相反，一般假发是完全无法使用卷发器等高温工具的，在高温下会融化。它的特色是有着闪亮的光泽，寿命在 1 ~ 2 个月，价格非常便宜。

4. 假发大小与数量

假发也有尺寸，不但有大、中、小等尺寸，数量也很多。如果数量太多，戴起来会感到很沉重，头看起来会很大，可是如果数量少，就会看到头皮。

戴假发的简单步骤

如果你精挑细选，终于选了一项假发，但是怎么戴呢？

准备：假发、假发网、假发专用梳子（铁梳或者扁梳）、发夹、发蜡、定型喷雾等。

1. 首先，戴上假发网。将自己的头发全部卷到假发网里，一根也不能漏掉。虽然可以先用夹子固定再戴假发网，但是如果自己做，很可能弄坏假发网，所以我不推荐用夹子。然后整理头发，让头变得圆圆的。

2. 把假发梳理好。如果是新的假发没关系，如果是旧的假发，就必须用梳子好好梳一下，如果是波浪卷发，就用齿比较宽的梳子，这样才能延长假发寿命。

3. 假发如图一样倒过来戴。把调整假发的带子调整好，以免扯到假发网。如果头大的话，就把带子剪掉吧，这是个好办法。

4. 以额头为固定的点，把假发转过去。这时用手将真头发塞到假发里面。将假发覆盖到假发网底部，然后抬起头。

5. 哈利波特的朋友海格会从镜子中看着你。事实上，戴假发的方法到此就结束了，但是其实还不到一半，接下来就要自己设计发型了。

6. 用梳子梳理假发，也顺便移动假发看看刘海要拉到哪里。假发可以自由调整刘海长度，可以用卷发器和定型液开始做造型了。

刘海的设计方法！

1. 传统齐刘海：这是最普通的刘海造型，也不需要在眉毛上下功夫！但是在流汗的时候，前面的刘海会分开，而且很容易出油。

2. 清纯的三七分刘海：果然看起来比较自然，仅排在齐刘海之后，不会显得奇怪，就算出了点油，只要拨一下也不会看起来很恶心。

3. 女神中分刘海：中分刘海如果得当，真的像女神一样，可以在假发刘海很长的时候用。但是，一不小心就会露出假发网，小心哦！

4. 可爱的三等分刘海：这个是最适合短发的造型，不仅可爱，而且看起来会很年轻，有 cosplay 的效果。

齐流海　　　　　　　三七分　　　　　　　中分　　　　　　　三等分

方便的刘海假发

虽然想留刘海很久了，但是想要看起来更好看更年轻，这时候可以使用刘海假发！只要夹起来就可以了，使用起来很方便，接下来用夹子夹住就 OK 了。

Alluring

变身韩星的神
奇彩妆 1

韩流中心 BOA

BOA=女神！从我上小学开始就喜欢的歌手 BOA 可是韩流的始祖，也是最早举办大型演唱会的标志性艺人。并且她每年都会变漂亮十倍……我这么普通，怎么才能模仿她呢？在我的努力研究之下，终于知道了韩流明星的彩妆秘密了！在舞台照明的焦点下，让人产生错觉！Let's go！

明星的皮肤不就是水嫩有光泽嘛？将亮粉和隔离霜混合擦在脸上，用刷子蘸蜜粉来刷比手擦上去的更有润泽感！

在所有韩流明星中，BOA 最经常使用使用粉红色！将眼影 A 涂满上眼皮，闪耀剔透的珠光色彩。

顺着双眼皮线刷上 B，面积比刚刚擦 A 的小。

然后用蘸湿了的刷子蘸上棕色眼影来涂，下眼皮和上眼皮一样，画成三角形。

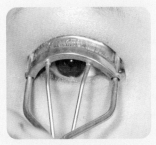

然后用睫毛夹从睫毛根部开始夹起。

接着用眼线膏画眼线，画到眼尾的部分，要与刚刚画过的眼影有些间隔，往上画。

Make Up Item

A The Balm NUDE TUDE 眼影中的 stand-offish
B The Balm NUDE TUDE 眼影中的 stubborn
C The Face Shop 透明梗假睫毛 9 号
D The Face Shop 宝石闪亮蜜粉
E MAC 唇膏 5 号

贴上假睫毛 C，这个假睫毛神奇的地方就是旁边的比中间的长。

用睫毛夹把真假睫毛融合在一起，现在应该觉得很容易了吧？

下眼线从眼头开始画，画到 1/2 处。

用纤长睫毛膏将睫毛拉长，就像 BOA 一样漂亮！

明星的眉毛看起来比较自然，现在也整理一下你的眉毛吧。

好像还差点什么，那我告诉你们重点吧，就是在眼睛下面中间的位置涂上 D！You're still my NO.1！（BOA 的歌真好听！）

唇膏选择比较自然的 E。

然后在皮肤上打上高光，用刷子轻轻滑过就好。

镁光灯下，好像是眼睫毛产生的影子，BOA 女神彩妆，完成！

Mellow

变身韩星
的神奇彩妆 2

国民妹妹ω李智恩

模仿明星化妆就像是 *cosplay* 似的，首先你要分析角色的特点，就比如说现在人气很高的少男杀手 IU 来说，无论是小孩还是大人，谈到 IU，就好像谈到了心仪已久的暗恋对象一样紧张。她之所以看起来可爱，是因为她圆圆的额头、宽宽的眉间和无辜可爱的眼睛！好了，就是这样的角色，今天我们就来 *cosplay* 她吧！

一谈到 IU 就会想到娃娃脸，化妆成娃娃脸很难，还要有明星的肤质，哎呀，真是要跳楼了！好吧，想要有水嫩肌肤，就要混合护肤油和亮粉，当然还有隔离霜！

先说一句，我可不是 IU 的 anti 哦！将眼影 A 涂满整个上眼皮，直到下眼头的位置。

用同样的眼影涂在下眼皮中间处，这会让人看起来很年轻。

用 B 擦在眼尾，再在眼下 1/3 的地方涂上眼影。

然后在眼睛黏膜的地方画一条薄薄的眼线，一直画到下面。眼尾的部分尽量往下画，然后涂满。

只画黏膜的部分，画一条细细的眼线，眼尾处往下画。

Make Up Item

A The Balm NUDE TUDE 眼影中的 stand-offish
B The Balm NUDE TUDE 眼影中的 selfis
C The Balm 荧光眼影
D Darkness 假睫毛 k.ma5
E MAC 唇膏
F Candy Doll 腮红 粉色

接下来开始画下眼线，连接刚刚眼头所画的眼线，直到下眼皮前面的 1/3 处。

下眼皮中间涂上 C，用相同的眼影将上眼皮打亮，眼睛上下都涂眼影可以产生放大的效果。

贴上自然的假睫毛 D，因为眼线画得很薄，所以双眼皮线和睫毛很清晰。

夹睫毛之后刷上睫毛膏，下睫毛只在中间部分刷上睫毛膏，这样就会有很闪亮的效果。

眉毛就画个一字眉，眉端稍微画低一点。前端画得高而宽，看起来才像娃娃脸！

用亮亮的睫毛膏刷在眉毛前面，看起来比较年轻。

唇膏选择漂亮的粉红色，任何牌子都可以，我选择 E。

腮红的话，我选择粉红色 F，腮红打在脸上圆圆的，看起来很可爱。

IU 彩妆完成，现在 IU 的粉丝不会在骂我吧？

Boyish

连男更衣室都
可以混进去？

完美女扮男装

不知道从什么时候开始，偶像哥哥变成了偶像弟弟，警察叔叔变成了警察弟弟，这就是我23岁的人生啊……不管怎么说，今天的主题是偶像彩妆，而且是男偶像！有时候看到花美男，也很难区分男女吧？等等，这张照片是本人吗？没错，就是我！看起来很不错吧？这样子走进男更衣室，肯定没人发现！就连我自己照镜子，都感觉无法分辨是男是女！开始吧，唤醒你潜在的男性本能！

只要涂上BB霜，看起来就像个男生，不信？反正这个彩妆也不需要完美肌肤，只要涂上BB霜就可以了。

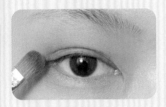

用无珠光的棕色眼影涂上眼皮，一定要用没有珠光的哦！

然后在眼皮上涂A，就像烟熏妆一样，由上往下画到眼下，画一个C字，擦到眼下2/3处。

然后用棉签蘸B，擦在眼睛周围，就像被眼泪弄湿似的。

眉毛画得厚一些，长一些，长长的眉毛可以给人以男人的感觉。

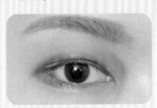

然后，就是今天的重点了。画一个男人般的鼻梁！用扁刷蘸A擦在眼窝和鼻梁之间，如图。

在颧骨正下方，打上暗影，如果画得太深，就有点像骷髅了，只要轻轻刷个一两次就OK了。

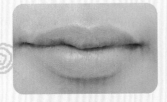

嘴唇当然不能涂颜色啊，涂上C吧。

鼻翼缩小了，打上暗影可以让鼻子更挺，更男人。大功告成！

Make Up Item

A Skin Food 眼睛爱蛋糕系列眼影
B Ameli 透明眼影
C MAC 唇膏

189

Naughty Girl

整形彩妆的核心，
变身日本辣妹！

日式辣妹妆

提起辣妹彩妆，无人不知吧？辣妹原本是日文里女孩的意思，特别指的是化浓妆的女生。这次我要介绍的是黄头发＋棕色烟熏妆＋裸色嘴唇的代表性辣妹妆。化上这个妆，戴上假发，加上绚丽的服装，立马从平凡女孩变身时尚达人了！

肤色是这个彩妆的重点，因为有分黑肤色辣妹和白肤色辣妹。不管是鼻梁还是全脸都要打上暗影，这个彩妆才算完美。

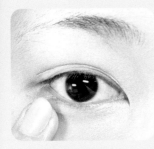

将眼影 A 涂在眼头下面。

B 涂满整个上眼皮，辣妹彩妆大部分都是棕色的，我也不知道为什么。

用 C 顺着双眼皮线画上去，辣妹彩妆就是要有厚厚的双眼皮才行。

接着刷子向下移，如图一样，刷到下眼线 2/3 处，下垂眼是辣妹专有名词，要将眼睛画得圆圆的。

眼尾处涂上颜色最深的 D。

Make Up Item

A Dolly Wink 眼影 1 号棕色系第一个颜色
B Dolly Wink 眼影 1 号棕色系第二个颜色
C Dolly Wink 眼影 1 号棕色系第三个颜色
D Dolly Wink 眼影 1 号棕色系第四个颜色
E Dolly Wink 假睫毛 1 号 dolly sweet
F Dolly Wink 假睫毛 6 号 real nude
G Darkness 假睫毛 k.ma4
H Dolly Wink 蜜粉 1 号蜂蜜棕
I MAC 唇膏 GAGA2

现在开始画眼线，用比较容易使用的眼线液画，眼球和眼尾部分要画得厚一些，其他地方要画得薄一些。

这次眼线不要画在眼睛黏膜上，下眼线画得很厚是辣妹彩妆的特征之一。

接着贴上假睫毛 E，这款假睫毛不需要剪，直接贴上就可以。

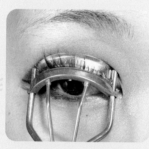

用睫毛夹夹一下，从根部开始，让睫毛向上扬。

接着，再涂一次双眼皮胶水！我在画辣妹彩妆时，也是涂了两次。

再用夹子制造双眼皮，用另外一只手辅助做出双眼皮。

在眼睛下面贴上假睫毛 F，看起来很自然。

然后，在眼尾下方贴上假睫毛 G，也就是说要再贴一层假睫毛。

眉毛用最浅的颜色，画得细一些。

选择好睫毛膏的颜色之后，再用睫毛刷将眉毛染色。

用圆刷蘸 H 刷在鼻梁上，顺着鼻梁刷下来，到鼻翼的地方要打上暗影。如果蜜粉结块了，可以用手指来做。

唇膏我选用 MAC 的，虽然看起来有点裸色，但是这会更像辣妹的。

再用 I 涂嘴唇，翘翘的，像金鱼的嘴一样。

选择珠光黄色的腮红，在脸颊中央画圆圈，就像要挖一个洞似的。

接着给 C 字区和 T 字区打上高光，要用力，因为这是辣妹彩妆！

大功告成！

SIM'S BLOG
无限变身女色彩缤纷的日本行

扑通扑通，旅行开始了！
今天我要当一次辣妹。这样乘坐飞机，应该没人和我讲国
语了吧？连空姐都和我讲日文问我要不要咖啡呢，哈哈，
我不是日本人噢！

个性时尚的国度，日本。
要的就是这种感觉！在年轻人聚集的原宿地区，以金发烟
熏妆登场！
这里是日本十大文化中心之一，非常繁华。以前只有在杂
志上才可以看到头发五颜六色的年轻男女，没想到这里也
可以看到。

东京巨蛋的现场公演！
在东京巨蛋看演出是最开心的日子！
这天，我也化了个演唱会彩妆。
非主流的摇滚乐团成员真帅气，绚烂的粉红色时尚以及
cosplay 的漂亮姐姐，太厉害了！
我这种程度就是个菜鸟啊，这个彩妆看来还不够强大啊 ^^

日本旅行必"败"清单！
一定要秀一下在日本旅行的战利品了！
在化妆品大国日本，当然不能过过采购化妆品了。
假睫毛买了一大堆，eye talk 的双眼皮胶水和睫毛膏也不能放过。
辣妹界始祖模特儿所用的彩妆品牌: Candy doll, Dolly Wink，找
到她的博客，一看才发现她都25岁了，并且还是孩子的妈妈了，
竟然还保持着身高150cm，体重37kg的洋娃娃身材。
我买了三个 Dolly Wink 的眼影，还有 Canmake 的蜜粉，为了辣
妹妆，还买了 Ageha 杂志。
之前，累得要死打了两个月工所赚的钱，在5天内全部败光了，
但是我却有了一段美好的旅行回忆！

Trick or Treat

骷髅和灵魂们的聚会！ 吸
血鬼姐姐给你糖吃啊？

万圣节彩妆

小孩子们的糖果派对，西方人的万圣节，对我们来说就是狂欢节，不管是深夜的百搭眼装，还是用红色油漆漆在浅色衣服上，穿成这样走在街上，如果没有成为焦点，那就太逊了！今天我要化一个小丑彩妆，可爱又像魔女一般性感，走到哪里都是焦点，好好学哦！

化一个水润光泽的彩妆吧，将隔离霜、亮粉等混合起来！

将眼影 A 涂在上眼皮上打底，暧昧的红色眼影。

用黑色眼线膏画上眼线，眼尾部分要画得长长的，大约5mm！

接下来画下眼线，要仔细画。如果眼线膏比较难用的话，就用眼线笔吧。

从现在开始就不再是普通女孩了，在眼球下方3mm处画一个圆点。

以圆点为中心，画一个像鸟爪子的黑点，和小丑一样！

Make Up Item
A 爱丽小屋 甜蜜爱人眼影2号
　拿铁咖啡
B VOV假睫毛1号
C Dolly Wink 眼线笔蜂蜜棕
D Dolly Wink 睫毛膏1号奶茶
E Holika Holika 唇膏深红色

接下来用双眼皮胶水点一下，因为要在上面贴钻。

将水钻放在手指上，按到脸上，慢慢移到胶水上方。

用同样的方法再贴一颗，水钻的颜色可以任意挑选。

贴上假睫毛B，为华丽的万圣节作好准备！

因为今天要戴黄色假发，所以眉毛画淡一些，我选择C！

用D将眉毛染色。

接着，用唇笔蘸E画出唇线，打造出小丑嘴唇！

万圣节彩妆，完成！

眼睛给人的第一印象比重很大，所以很多人戴隐形眼镜不是为了矫正视力，而是为了美丽。很多人没有隐形眼镜是不行的，那让我们看看选购隐形眼镜的重点吧！

样式与颜色

彩色隐形眼镜：指除了黑色和棕色以外的彩色隐形眼镜，有灰色、蓝色、绿色、紫色等颜色，还有同一个镜片上有两三种颜色的，闪烁着神秘的光彩。此外还有很多很特别的款式，很有趣。

黑色隐形眼镜：黑色隐形眼镜可以打造出黑白鲜明的双眼，戴上去后给人一种洋娃娃般的感觉。

棕色隐形眼镜：自然，美得无可挑剔，很适合东方人配戴。

眼泪效果的隐形眼镜：镜片上印了蓝色或者浅棕色米粒大小的图案，一戴上就好像是眼睛里含着眼泪一样水汪汪的，很适合清纯的彩妆。

Cosplay 专用隐形眼镜：这种眼镜有特别的颜色和独特的设计，但是这种眼镜很难买到。大部分是网店在卖，所以要仔细看注意事项哦。

镜片直径

普通人的瞳孔直径约 9 ~ 12mm，瞳孔小的话眼睛看起来也比较小，而且看起来会比较老。反之，瞳孔太大，看起来也很奇怪，好像恐怖片里的女鬼。瞳孔直径在 12 ~ 14mm 看起来最可爱，购买隐形眼镜时，要确认好直径再选款式。

呼啦圈现象：指镜片直径与瞳孔大小有很大差异。转动眼睛时，镜片外围的部分和眼白重叠在一起，可以清楚看到镜片的图案和颜色。也许会有人觉得恶心，但是这种效果特别是在照片里，看着很有神秘感！

重叠配戴隐形眼镜：网店里卖的隐形眼镜大都是没有度数的，而我又是个近视眼！如果想要同时佩戴两副隐形眼镜，要先戴上有度数的，再戴上彩色的，效果很不错，但是透氧度很低，所以千万不要超过 3 个小时！

Dark Burgundy

暮光之城，神秘又
致命的魔力！

吸血鬼妆

看起来颓废而又性感的危险女生一定不只我一个！很多人都喜欢暮光之城吧？如果你也和我一样对吸血鬼有着幻想的话，我强烈推荐这个彩妆——无珠光烟熏妆加上血一般的红色双唇彩妆！如果化上这个彩妆，今年的时尚潮流终结者非你莫属！

如果想要看起来毫无血色，就要表现出惨白的脸色，建议涂上绿色或者紫色的打底隔离。

将眼影 A 涂到上眼皮上，无珠光的暗红色是这个彩妆的重点！

再将无珠光的 B 涂在眼下 1/2 处，这个颜色与 A 很搭。

接着，将蘸了 B 的刷子移到眼尾，刷一个 C 字。

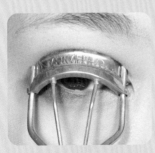

然后用睫毛夹给睫毛上刑。重点是要从睫毛根部夹起。

因为睫毛很重要，所以下睫毛也要夹，将睫毛夹倒过来夹下睫毛。

Make Up Item

A 爱丽小屋 甜蜜爱人眼影 2 号 拿铁咖啡
B The Balm NUDE TUDE 眼影 sexy
C Dolly Wink 眼线笔 1 号蜂蜜棕
D Dolly Wink 睫毛膏 1 号奶茶
E Venom 唇膏

因为我的睫毛膏是昨天新买的,所以要对着睫毛刷吹口气,让新睫毛膏干一点,这样更容易附着在睫毛上。

将睫毛刷放在睫毛下方,以画 Z 字的方法来刷睫毛。

下睫毛也用相同的方式仔细刷上睫毛膏。

再拿 C 来画眉毛,吸血鬼是外国的,所以头发和眉毛都要是黄色的。

用 D 染眉毛。

再涂上为这个彩妆而准备的 E,如果没有这款,可以选择任何一款血红的唇膏。

充满颓废感的吸血鬼彩妆,完成!

在嘴唇上涂上"血"，好像吸血鬼一样！

DuWop

嘴唇上涂的颜色如同是吸血鬼一样，
就像油和水分开，两种溶液一分为二，
如果想要比喻得更生动些，就像血液里的红血球和白血球一样。
这个唇膏如果用掉一部分，剩下的留在唇膏管里，看起来更恐怖，也更吸引人。

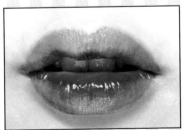

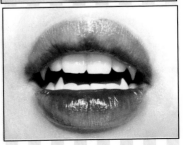

这个唇膏的魅力到这里还没完，
一涂上去，就会附着在双唇上如流血一般。
如果结块涂上去就好像结疤一样。
如果恰好嘴唇上有个小伤口，那么涂上这个唇膏，会让伤口看起来更深，而且涂上去会有凉爽的感觉如同真受伤一样。
味道也很特别，桂皮的味道。
"这种东西也有卖的？"
"嗯……像我这样的人会买啊 ^^"

可惜这个很难买到，
Espoir 也有出吸血鬼唇膏。
用 PS 把牙齿画出来，
哇，真的是吸血鬼啊！
我也是第一次用这种唇蜜！

Unisex

我是雌雄同体！令人无
法拒绝的中性魅力！

中性美女妆

彩妆一定要充满女人味才漂亮吗？抛弃这种陈旧的想法吧，彩妆也可以中性一些，利用摇滚的烟熏妆风格，将我隐藏的另一种性格也表现出来！你也来挑战一下中性风格彩妆吧！你应该也玩过吧？在路上看到一位路人不知道是男是女，就和朋友石头剪子布，输的人跑过去确定他是男是女。我就常常在路上遇到有人问我这个问题，这时我会低声回答："我是男生。"让那些问问题的女生吓跑。雌雄同体彩妆，让我们开始动手吧！

记得要让皮肤要看起来细致明亮！

将 A 涂满上眼皮，选择不适用于白皮肤彩妆的紫色珠光眼影。

将 B 涂上，让颜色更明显，绿色也是个不错的选择。

然后涂上 C，和蓝色重叠，隐约变成青绿色，这就是黑色与其他颜色混搭的方法！

将眼线膏涂在眼下，把眼尾的感觉表现出来。

把假睫毛贴在没画眼线的眼睛上，选择纤长假睫毛 D！感觉很特别吧！不画眼线的话，双眼皮会更明显，看起来更厚。

Make Up Item
A Dolly Wink 眼线膏 1 号水晶
B Toda Cosa MONO 眼影 11 号深蓝海洋
C Make Up For Ever 钻石眼影黑色
D Darkness 假睫毛 k.ma6
E Dolly Wink 眼影粉 1 号

用 D 画出又淡又薄的睫
毛，这个烟熏妆的重点就是眉
毛要稀薄。

用 MAC 的桃色唇膏涂嘴唇。

男孩子气 + 中性彩妆完
成！戴上假发，出门吧！

仁川摇滚音乐节后记

2010 年仁川摇滚音乐节，我超级喜欢的日本团体来了。

我和朋友约好 1 点在车站见面。

出门后我才发现门票忘记拿了！！！

所以赶紧打车回家拿了门票又打车赶去……

一开始就充满曲折……

以为演唱会地点会比较难找，没想到乘地铁 20 分钟就到了。

到了以后先自拍，任谁看了都会认为是超级粉丝！

首先看到的是 Huckleberry Finn 的演出，嗓音很低沉，是男生吗？感觉好性感啊！

正当我胡思乱想的时候，有人告诉我她是女生，天哪，我差点沦陷！

好不容易来到我盼望已久的演唱会，

这里整理一下，在看演唱会的时候如何站到最前面。

1. 身体要以 45° 角的方式站立，这样才能从缝隙中插进去。

2. 一边说："啊，干吗一直后退啊？"一边向前推，这样就可以进去了。

3. 躲开那些吨位重的、身材高的、有男生聚集的地方，还有一群朋友聚集的地方，这些都很难进去的。

4. 挖开人群中的缝隙，只要身体倾斜，靠着从后面来的人群，就可以自动挤到前面了。

5. 站着看演唱会，体力是关键，饭一定要多吃一点！

靠着这些方法，我就可以不知不觉站到最前面了！

朋友看到这样的我，都夸我是个天才！

只要按照我这些方法，你就能挤到前面去！

演唱会结束后，和朋友一起去喝了一杯，过了 11 点才回家。

今天天气真好，演唱会也看得很完美，真是美好的一天！

Aquamarine

Cosplay 彩妆讲座 1
蓝发美少女！

初音未来

欢迎来到 cosplay 的领域，我可是专家！为了 Coser（cosplay 玩家）们，我准备了特别讲座，如果看不懂的话，就抱着欣赏的态度吧！cosplay 是很困难的，就是要配合世界上不曾出现过的发色和彩妆！天啊，又不是虚拟人物，谁会像初音未来这样有一头蓝头发啊！不管是黄头发还是红头发，这个彩妆法，任何 cosplay 都可以使用，那么我们开始 cosplay 吧！

> cosplay 的重点就是模仿照片化妆！就算多花些时间，也要打造出如照片中一样自然又完美的肌肤！

将 A 涂在上眼皮上，头发是蓝色的，所以眼睛也要画蓝色的，我推荐薄荷底色的眼影！

再涂一层 B，真的和初音未来的发色很像。

如果眼睛下面用同样的眼影，看起来会有点倒胃口啊，所以，改用 C 吧，就像海洋般的层次感！

眼下的部分涂上 D，如果怕掉亮粉的话，可以先擦上乳液或隔离霜！

将亮粉顺势擦到眼下部分，看起来像眼泪一样，又如星光一般。

Make Up Item
A Toda Cosa MONO 眼影粉 16 号 swimming poor
B MAC 眼影
C Toda Cosa MONO 眼影粉 11 号深蓝海洋
D Make Up For Ever 明星粉底白色
E VOV 假睫毛 1 号
F Darkness 假睫毛 k.ma5
G Darkness 假睫毛 k.ma4
H MAC 唇膏粉色

用眼线膏画出长长的眼线，就算没有画到眼睛粘膜上也可以。

下眼线要画到眼睛黏膜上，画到瞳孔的位置！

眼头部分要画长一些，2mm 左右。

贴上华丽的假睫毛 E，贴在真睫毛上方约 2 ~ 3mm 的地方，这样眼睛看起来更大。

将假睫毛 F 重叠贴在眼尾。眼尾完全变长了吧？这些都成了我眼睛的一部分了。

眼下贴上假睫毛 G，前面部分贴到眼线上，后面部分如图，稍微留出一点空隙。

再用假睫毛 F 贴在下眼尾，这次要重叠上去，将假睫毛连接起来。如图，留出 3mm 左右的距离再贴上去。

接下来画眉毛，先用浅色的眉笔，简简单单地画一下眉线就好了。

把手背当成调色板吧，挤出蓝色和白色的颜料，混合一下，混合白色颜料是为了更显色。

将颜料涂在眉毛上，这刷子只能用一次，所以要想好了再下手。

不要碰到皮肤，只能画到眉毛上，cosplay 的眉毛就是这样的，要擦掉的话就要用退漆剂了。

嘴唇用裸色调的 H，如果想要更显色的话，可以在嘴唇中间涂上红色唇膏。

用透明唇蜜涂在嘴唇中间。

鼻子也要画得像卡通人物一样又高又直，用打暗影的蜜粉刷在鼻梁上！

觉得有点夸张也没关系，因为是 cosplay 啊！鼻翼也要打上暗影！

嘴唇下面也要打上暗影，这样就能拥有水润的双唇了！

下巴要多刷几次，不要忘了啊！

初音未来彩妆，大功告成！

Harsh

REBORN

如果是其他颜色都还比较好，你们有没有尝试过白发人物的cosplay呢？戴上假发，分不清楚我是东方人还是西方人，白发人物的cosplay就是这样让人糊里糊涂。今天我来告诉大家如何配合眼睛的颜色化出白发男性角色的彩妆，Let's go！

如果脸化得像外国人，但看起来还是有些黑，那没什么好说的了，这时只能化个京剧脸谱了！（笑）把家里所有白色的化妆品都拿出来吧，面粉也可以！哈哈！

用棕色的眉笔跟着我画，从瞳孔上面开始画一条斜线到眼尾。

这次要画在前面的眼皮上，如图。

睁开眼睛是这样的，明白吗？

用硬毛的刷子刷上眼影，如果觉得效果不理想，可以用打暗影用的蜜粉，感觉难吗？

沿着鼻梁往下刷，要浓一点，再浓一点！

Make Up Item

A Skin Food 眼睛爱蛋糕系列
B Missha The Style 眼影 NBK01
C 兰芝 眼影笔 1 号基础棕
D Darkness 假睫毛 k.ma4

哈哈，变成这个样子了！眼睛感觉完全不同了吧？神奇吧？这就是男性角色的基础妆。

然后用 A 混合一些黑色颜料画在眼尾，连接到刚刚所画的眼影上。

接着用眼线膏画眼线，但是眼尾要往上画。

后面的眼线要画得粗一点，前面细一点。

接着画眼头，从眼头开始画，直到眼下 1/3 处。

下眼线眼尾部分由后往前画，中间的眼线画得薄一些。

然后用无珠光的 B 画上眼影，连接刚刚所画的眼线。

然后上色吧！为了配合角色的紫色眼球，我们也用紫色来画。如果是绿色的眼睛就用绿色画。黄色眼睛就用黄色画。这就是眼妆的重点。

对了，差点忘了，要在鼻翼上打上暗影，这才能展现出特别的魅力！

就像在初音未来妆提到过的，要用颜料涂在眉毛上。刷子蘸白色颜料，在眉毛上涂个两三遍。

然后给眼皮打上高光，擦上亮粉。

涂上和白发很搭的白色唇膏！

接着用 C 画嘴角，在没有任何表情的状态下画就 OK 了。

男性角色的彩妆，完成了，因为要拍照所以别忘了打上高光！

等一下！为了表示我的诚意，再介绍一下可以自由变化的彩妆方法。首先，上眼尾再涂一点黑色眼影。

接着，用退漆剂稍微往下擦一下眼尾，再用无珠光的棕色眼影在眼睛下面画上黑棕色。

可以了，找到感觉了吧？

然后贴上假睫毛。任何一款华丽的假睫毛都可以，下假睫毛我选用 D，贴在眼尾。

看！这就是 cosplay！对了，眉毛也要换个颜色，就在刚刚的状态下，再涂上淡棕色睫毛膏就可以了！

将棕色和黑色眼线液混合，然后就可以画出这样特别的伤疤图案了！